아이스크림
더 연산

숲속B

왜, 『더 연산』일까요?

수학은 기초가 중요한 학문입니다.

기초가 튼튼하지 않으면 학년이 올라갈수록 수학을 마주하기 어려워지고, 그로 인해 수포자도 생기게 됩니다.
이러한 이유는 수학은 계통성이 강한 학문이기 때문입니다.
수학의 기초가 부족하면 후속 학습에 영향을 주게 되므로 기초는 무엇보다 중요합니다.
또한 기초가 튼튼하면 문제를 해결하는 힘이 생기고 학습에 자신감이 붙게 되므로 기초를 단단히 해야 합니다.

수학의 기초는 연산부터 시작합니다.

『더 연산』은 초등학교 1학년부터 6학년까지의 전체 연산을 모두 모아 덧셈, 뺄셈, 곱셈, 나눗셈을 각 1권으로,
분수, 소수를 각 2권으로 구성하여 계통성을 살려 집중적으로 학습하는 교재입니다(＊아래 표 참고).
연산을 집중적으로 학습하여 부족한 부분은 보완하고, 학습의 흐름을 이해할 수 있게 하였습니다.

소수 A

1-1	1-2	2-1	2-2	3-1	3-2
9까지의 수	100까지의 수	세 자리 수	네 자리 수	덧셈과 뺄셈	곱셈
여러 가지 모양	덧셈과 뺄셈	여러 가지 도형	곱셈구구	평면도형	나눗셈
덧셈과 뺄셈	여러 가지 모양	덧셈과 뺄셈	길이 재기	나눗셈	원
비교하기	덧셈과 뺄셈	길이 재기	시각과 시간	곱셈	분수
50까지의 수	시계 보기와 규칙 찾기	분류하기	표와 그래프	길이와 시간	들이와 무게
−	덧셈과 뺄셈	곱셈	규칙 찾기	분수와 소수	자료의 정리

소수 B에서 소수의 곱셈, 나눗셈을 학습하기 전에 소수 A에서 소수의 덧셈, 뺄셈을 복습할 수 있어요.
소수의 곱셈을 확실히 이해하도록 반복해서 학습하면 더 나아가 소수의 나눗셈도 도전할 수 있어요.

『더 연산』은 아래와 같은 상황에 더 필요하고 유용한 교재입니다.

✱ 이전 학년 또는 이전 학기에 배운 내용을 다시 학습해야 할 필요가 있을 때,
✱ 학기와 학기 사이에 배우지 않는 시기가 생길 때,
✱ 현재 학습 내용을 이전 학습, 이후 학습과 연결하여 학습 내용에 대한 이해를 더 견고하게 하고 싶을 때,
✱ 이후에 배울 내용을 미리 공부하고 싶을 때,

『더 연산』이 적합합니다.
『더 연산』은 부담스럽지 않고 꾸준히 학습할 수 있게 하루에 한 주제 분량으로 구성하였습니다.
한 주제는 간단히 개념을 확인한 후 4쪽 분량으로 연습하도록 구성하여 지치지 않게 꾸준히 학습하는 습관을 기를 수 있도록 하였습니다.

소수 B

* 학기 구성의 예

4-1	4-2
큰 수	분수의 덧셈과 뺄셈
각도	삼각형
곱셈과 나눗셈	소수의 덧셈과 뺄셈
평면도형의 이동	사각형
막대그래프	꺾은선그래프
규칙 찾기	다각형

5-1	5-2	6-1	6-2
자연수의 혼합 계산	수의 범위와 어림하기	분수의 나눗셈	분수의 나눗셈
약수와 배수	분수의 곱셈	각기둥과 각뿔	소수의 나눗셈
규칙과 대응	합동과 대칭	소수의 나눗셈	공간과 입체
약분과 통분	소수의 곱셈	비와 비율	비례식과 비례배분
분수의 덧셈과 뺄셈	직육면체	여러 가지 그래프	원의 넓이
다각형의 둘레와 넓이	평균과 가능성	직육면체의 겉넓이와 부피	원기둥, 원뿔, 구

소수 계산을 단단하게 하기 위해 소수의 곱셈을 복습하고 소수의 나눗셈을 학습해요.
중학교 수학에서 꼭 필요한 소수의 기초를 소수 B에서 다져 보세요.

구성과 특징

1 공부할 내용을 미리 확인해요.

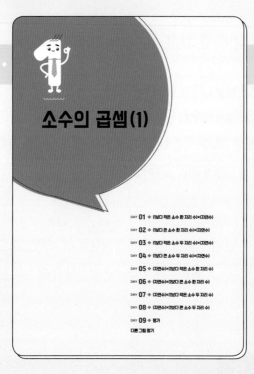

소수의 곱셈(1)

2 주제별 문제를 해결해요.

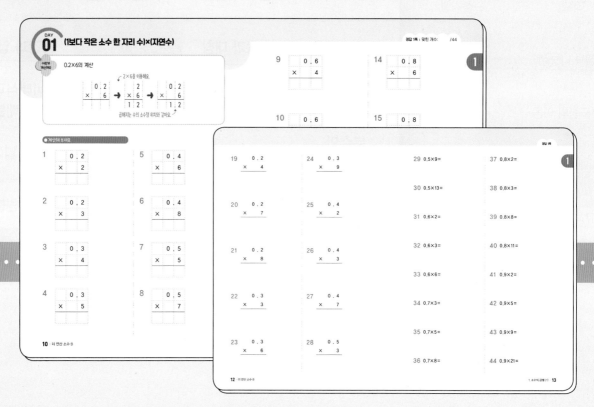

도착!

4

그림을 찾으며
잠시 쉬어 가요.

다른 그림
찾기

정답 9쪽

다른 그림 8곳을 찾아보세요.

44 · 더 연산 소수 B

3 단원을 마무리해요.

---

09 DAY 평가

정답 9쪽 | 맞힌 개수: /24

1

☀ 계산해 보세요.

1
```
    0 . 3
  ×     8
```

6
```
        2
  × 0 . 4
```

2
```
  0 . 1 3
  ×     3
```

7
```
        8
  × 4 . 7
```

3
```
  0 . 5 4
  ×     5
```

8
```
    3 . 3
  ×     3
```

4
```
    1 . 1
  ×     5
```

9
```
        7
  × 0 . 5 6
```

5
```
        3
  × 3 . 2 1
```

10
```
    1 . 3 2
  ×       2
```

11 2.6×6=

12 0.98×7=

13 2×2.22=

14 3.7×3=

15 6×2.7=

16 3.54×4=

17 3×1.1=

18 6×6.6=

19 1.59×7=

20 0.6×7=

21 9×0.2=

22 4×0.22=

23 5.4×4=

24 9×0.23=

42 더 연산 소수 B

1. 소수의 곱셈 (1) **43**

차례

3

소수의 나눗셈(1)

4

소수의 나눗셈(2)

공부 습관, 하루를 쌓아요!

○ 공부한 내용에 맞게 공부한 날짜를 적고, 만족한 정도만큼 √표 해요.

공부한 내용	공부한 날짜	√ 확인		
		😀	🙂	😟
DAY **01** (1보다 작은 소수 한 자리 수)×(자연수)	월 일	☐	☐	☐
DAY **02** (1보다 큰 소수 한 자리 수)×(자연수)	월 일	☐	☐	☐
DAY **03** (1보다 작은 소수 두 자리 수)×(자연수)	월 일	☐	☐	☐
DAY **04** (1보다 큰 소수 두 자리 수)×(자연수)	월 일	☐	☐	☐
DAY **05** (자연수)×(1보다 작은 소수 한 자리 수)	월 일	☐	☐	☐
DAY **06** (자연수)×(1보다 큰 소수 한 자리 수)	월 일	☐	☐	☐
DAY **07** (자연수)×(1보다 작은 소수 두 자리 수)	월 일	☐	☐	☐
DAY **08** (자연수)×(1보다 큰 소수 두 자리 수)	월 일	☐	☐	☐
DAY **09** 평가	월 일	☐	☐	☐
DAY **10** (소수 한 자리 수)×(소수 한 자리 수)	월 일	☐	☐	☐
DAY **11** (소수 한 자리 수)×(소수 두 자리 수)	월 일	☐	☐	☐
DAY **12** (소수 두 자리 수)×(소수 한 자리 수)	월 일	☐	☐	☐
DAY **13** (소수 두 자리 수)×(소수 두 자리 수)	월 일	☐	☐	☐
DAY **14** 소수의 곱셈에서 곱의 소수점 위치 찾기	월 일	☐	☐	☐
DAY **15** 평가	월 일	☐	☐	☐
DAY **16** (소수)÷(자연수): 자연수의 나눗셈을 이용하는 경우	월 일	☐	☐	☐
DAY **17** (소수)÷(자연수): 몫이 1보다 큰 경우	월 일	☐	☐	☐
DAY **18** (소수)÷(자연수): 몫이 1보다 작은 경우	월 일	☐	☐	☐
DAY **19** (소수)÷(자연수): 소수점 아래 0을 내려 계산하는 경우	월 일	☐	☐	☐
DAY **20** (소수)÷(자연수): 몫의 소수 첫째 자리에 0이 있는 경우	월 일	☐	☐	☐
DAY **21** (자연수)÷(자연수)	월 일	☐	☐	☐
DAY **22** 평가	월 일	☐	☐	☐
DAY **23** (소수)÷(소수): 자연수의 나눗셈을 이용하는 경우	월 일	☐	☐	☐
DAY **24** (소수 한 자리 수)÷(소수 한 자리 수)	월 일	☐	☐	☐
DAY **25** (소수 두 자리 수)÷(소수 두 자리 수)	월 일	☐	☐	☐
DAY **26** (소수 두 자리 수)÷(소수 한 자리 수)	월 일	☐	☐	☐
DAY **27** (소수 한 자리 수)÷(소수 두 자리 수)	월 일	☐	☐	☐
DAY **28** (자연수)÷(소수 한 자리 수)	월 일	☐	☐	☐
DAY **29** (자연수)÷(소수 두 자리 수)	월 일	☐	☐	☐
DAY **30** 몫을 반올림하여 나타내기	월 일	☐	☐	☐
DAY **31** 나누고 남는 수 구하기	월 일	☐	☐	☐
DAY **32** 평가	월 일	☐	☐	☐

소수의 곱셈(1)

(1보다 작은 소수 한 자리 수)×(자연수)

이렇게 계산해요

0.2×6의 계산

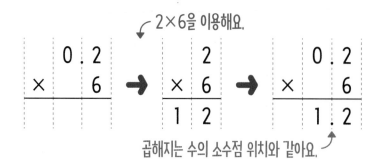

2×6을 이용해요.

$$\begin{array}{r} 0.2 \\ \times\ 6 \\ \hline \end{array} \rightarrow \begin{array}{r} 2 \\ \times\ 6 \\ \hline 1\ 2 \end{array} \rightarrow \begin{array}{r} 0.2 \\ \times\ 6 \\ \hline 1.2 \end{array}$$

곱해지는 수의 소수점 위치와 같아요.

● 계산해 보세요.

1
$$\begin{array}{r} 0.2 \\ \times\ \ \ 2 \\ \hline \end{array}$$

2
$$\begin{array}{r} 0.2 \\ \times\ \ \ 3 \\ \hline \end{array}$$

3
$$\begin{array}{r} 0.3 \\ \times\ \ \ 4 \\ \hline \end{array}$$

4
$$\begin{array}{r} 0.3 \\ \times\ \ \ 5 \\ \hline \end{array}$$

5
$$\begin{array}{r} 0.4 \\ \times\ \ \ 6 \\ \hline \end{array}$$

6
$$\begin{array}{r} 0.4 \\ \times\ \ \ 8 \\ \hline \end{array}$$

7
$$\begin{array}{r} 0.5 \\ \times\ \ \ 5 \\ \hline \end{array}$$

8
$$\begin{array}{r} 0.5 \\ \times\ \ \ 7 \\ \hline \end{array}$$

9

| | 0 . 6 |
×	4

10

| | 0 . 6 |
×	9

11

| | 0 . 7 |
×	2

12

| | 0 . 7 |
×	7

13

| | 0 . 8 |
×	4

14

| | 0 . 8 |
×	6

15

| | 0 . 8 |
×	1 2

16

| | 0 . 9 |
×	3

17

| | 0 . 9 |
×	4

18

| | 0 . 9 |
×	2 2

19
$$\begin{array}{r} 0\ .\ 2 \\ \times \quad 4 \\ \hline \end{array}$$

20
$$\begin{array}{r} 0\ .\ 2 \\ \times \quad 7 \\ \hline \end{array}$$

21
$$\begin{array}{r} 0\ .\ 2 \\ \times \quad 8 \\ \hline \end{array}$$

22
$$\begin{array}{r} 0\ .\ 3 \\ \times \quad 3 \\ \hline \end{array}$$

23
$$\begin{array}{r} 0\ .\ 3 \\ \times \quad 6 \\ \hline \end{array}$$

24
$$\begin{array}{r} 0\ .\ 3 \\ \times \quad 9 \\ \hline \end{array}$$

25
$$\begin{array}{r} 0\ .\ 4 \\ \times \quad 2 \\ \hline \end{array}$$

26
$$\begin{array}{r} 0\ .\ 4 \\ \times \quad 3 \\ \hline \end{array}$$

27
$$\begin{array}{r} 0\ .\ 4 \\ \times \quad 7 \\ \hline \end{array}$$

28
$$\begin{array}{r} 0\ .\ 5 \\ \times \quad 3 \\ \hline \end{array}$$

29 $0.5×9=$

30 $0.5×13=$

31 $0.6×2=$

32 $0.6×3=$

33 $0.6×6=$

34 $0.7×3=$

35 $0.7×5=$

36 $0.7×8=$

37 $0.8×2=$

38 $0.8×3=$

39 $0.8×8=$

40 $0.8×11=$

41 $0.9×2=$

42 $0.9×5=$

43 $0.9×9=$

44 $0.9×21=$

(1보다 큰 소수 한 자리 수)×(자연수)

이렇게 계산해요

1.2×8의 계산

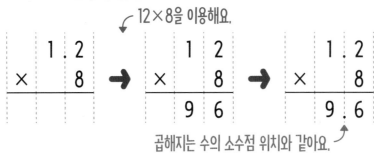

12×8을 이용해요.

곱해지는 수의 소수점 위치와 같아요.

● 계산해 보세요.

1

		1 . 1
×		9

2

		1 . 3
×		7

3

		1 . 4
×		2

4

		1 . 7
×		6

5

		1 . 9
×		5

6

		2 . 1
×		5

7

		2 . 6
×		4

8

		2 . 7
×		3

1

9
$$
\begin{array}{r}
3\,.\,1 \\
\times \qquad 2 \\
\hline
\end{array}
$$

10
$$
\begin{array}{r}
3\,.\,3 \\
\times \qquad 3 \\
\hline
\end{array}
$$

11
$$
\begin{array}{r}
4\,.\,9 \\
\times \qquad 3 \\
\hline
\end{array}
$$

12
$$
\begin{array}{r}
5\,.\,3 \\
\times \qquad 2 \\
\hline
\end{array}
$$

13
$$
\begin{array}{r}
5\,.\,8 \\
\times \qquad 4 \\
\hline
\end{array}
$$

14
$$
\begin{array}{r}
6\,.\,1 \\
\times \qquad 5 \\
\hline
\end{array}
$$

15
$$
\begin{array}{r}
6\,.\,6 \\
\times \qquad 6 \\
\hline
\end{array}
$$

16
$$
\begin{array}{r}
7\,.\,4 \\
\times \qquad 3 \\
\hline
\end{array}
$$

17
$$
\begin{array}{r}
8\,.\,1 \\
\times \quad 1\;1 \\
\hline
\end{array}
$$

18
$$
\begin{array}{r}
9\,.\,2 \\
\times \quad 1\;7 \\
\hline
\end{array}
$$

19
$$\begin{array}{r} 1\ .\ 2 \\ \times \quad\quad 3 \\ \hline \end{array}$$

20
$$\begin{array}{r} 1\ .\ 6 \\ \times \quad\quad 4 \\ \hline \end{array}$$

21
$$\begin{array}{r} 1\ .\ 8 \\ \times \quad\quad 8 \\ \hline \end{array}$$

22
$$\begin{array}{r} 2\ .\ 4 \\ \times \quad\quad 2 \\ \hline \end{array}$$

23
$$\begin{array}{r} 2\ .\ 9 \\ \times \quad\quad 5 \\ \hline \end{array}$$

24
$$\begin{array}{r} 3\ .\ 2 \\ \times \quad\quad 3 \\ \hline \end{array}$$

25
$$\begin{array}{r} 3\ .\ 6 \\ \times \quad\quad 8 \\ \hline \end{array}$$

26
$$\begin{array}{r} 4\ .\ 2 \\ \times \quad\quad 2 \\ \hline \end{array}$$

27
$$\begin{array}{r} 4\ .\ 5 \\ \times \quad\quad 5 \\ \hline \end{array}$$

28
$$\begin{array}{r} 4\ .\ 7 \\ \times \quad\quad 4 \\ \hline \end{array}$$

1

29 $5.1 \times 4 =$

30 $5.5 \times 5 =$

31 $5.9 \times 2 =$

32 $6.2 \times 3 =$

33 $6.4 \times 4 =$

34 $6.9 \times 9 =$

35 $7.3 \times 3 =$

36 $7.5 \times 2 =$

37 $7.7 \times 7 =$

38 $8.1 \times 4 =$

39 $8.6 \times 4 =$

40 $8.9 \times 3 =$

41 $9.4 \times 2 =$

42 $9.5 \times 4 =$

43 $9.6 \times 26 =$

44 $9.9 \times 19 =$

(1보다 작은 소수 두 자리 수)×(자연수)

이렇게 계산해요

0.34×2의 계산

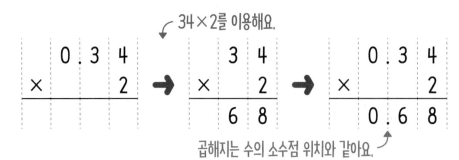

34×2를 이용해요.

곱해지는 수의 소수점 위치와 같아요.

● 계산해 보세요.

1

	0 .	0	2
×			4

5

	0 .	2	1
×			2

2

	0 .	0	3
×			3

6

	0 .	3	2
×			2

3

	0 .	0	6
×			2

7

	0 .	4	1
×			4

4

	0 .	0	9
×			7

8

	0 .	4	7
×			5

1

9

$$\begin{array}{r} 0.54 \\ \times \quad 4 \\ \hline \end{array}$$

10

$$\begin{array}{r} 0.59 \\ \times \quad 5 \\ \hline \end{array}$$

11

$$\begin{array}{r} 0.64 \\ \times \quad 6 \\ \hline \end{array}$$

12

$$\begin{array}{r} 0.67 \\ \times \quad 6 \\ \hline \end{array}$$

13

$$\begin{array}{r} 0.72 \\ \times \quad 6 \\ \hline \end{array}$$

14

$$\begin{array}{r} 0.73 \\ \times \quad 8 \\ \hline \end{array}$$

15

$$\begin{array}{r} 0.86 \\ \times \quad 8 \\ \hline \end{array}$$

16

$$\begin{array}{r} 0.89 \\ \times \quad 11 \\ \hline \end{array}$$

17

$$\begin{array}{r} 0.91 \\ \times \quad 11 \\ \hline \end{array}$$

18

$$\begin{array}{r} 0.92 \\ \times \quad 14 \\ \hline \end{array}$$

19
$$
\begin{array}{r}
0.04 \\
\times \quad 9 \\
\hline
\end{array}
$$

20
$$
\begin{array}{r}
0.05 \\
\times \quad 6 \\
\hline
\end{array}
$$

21
$$
\begin{array}{r}
0.07 \\
\times \quad 6 \\
\hline
\end{array}
$$

22
$$
\begin{array}{r}
0.08 \\
\times \quad 4 \\
\hline
\end{array}
$$

23
$$
\begin{array}{r}
0.11 \\
\times \quad 8 \\
\hline
\end{array}
$$

24
$$
\begin{array}{r}
0.12 \\
\times \quad 4 \\
\hline
\end{array}
$$

25
$$
\begin{array}{r}
0.23 \\
\times \quad 3 \\
\hline
\end{array}
$$

26
$$
\begin{array}{r}
0.26 \\
\times \quad 9 \\
\hline
\end{array}
$$

27
$$
\begin{array}{r}
0.33 \\
\times \quad 3 \\
\hline
\end{array}
$$

28
$$
\begin{array}{r}
0.38 \\
\times \quad 5 \\
\hline
\end{array}
$$

29 0.44×3=

30 0.46×7=

31 0.51×3=

32 0.54×11=

33 0.58×4=

34 0.61×3=

35 0.62×8=

36 0.71×2=

37 0.74×17=

38 0.77×6=

39 0.82×13=

40 0.83×3=

41 0.88×7=

42 0.92×11=

43 0.93×5=

44 0.96×9=

DAY 04 (1보다 큰 소수 두 자리 수)×(자연수)

이렇게 계산해요

1.27×4의 계산

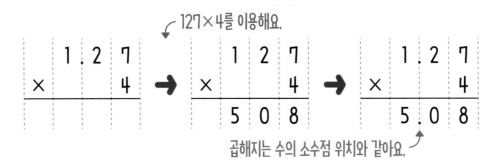

127×4를 이용해요.

곱해지는 수의 소수점 위치와 같아요.

● 계산해 보세요.

1
```
    1 . 1 1
  ×       5
```

2
```
    1 . 1 4
  ×       2
```

3
```
    1 . 2 2
  ×       3
```

4
```
    1 . 3 1
  ×       3
```

5
```
    2 . 3 8
  ×       5
```

6
```
    2 . 5 9
  ×       2
```

7
```
    2 . 6 7
  ×       8
```

8
```
    2 . 8 9
  ×       9
```

1

9
```
      3 . 1 7
  ×         7
```

14
```
      5 . 1 3
  ×         8
```

10
```
      3 . 3 2
  ×         9
```

15
```
      6 . 1 4
  ×         5
```

11
```
      3 . 5 6
  ×         6
```

16
```
      6 . 2 2
  ×         7
```

12
```
      4 . 4 4
  ×         2
```

17
```
      7 . 2 1
  ×         6
```

13
```
      4 . 5 9
  ×         7
```

18
```
      9 . 2 7
  ×         5
```

19
```
      2 . 1   5
  ×         7
  _____
```

20
```
      2 . 5   7
  ×         8
  _____
```

21
```
      2 . 9   7
  ×         6
  _____
```

22
```
      3 . 1   5
  ×         9
  _____
```

23
```
      3 . 2   4
  ×         2
  _____
```

24
```
      3 . 6   9
  ×         4
  _____
```

25
```
      3 . 7   1
  ×         5
  _____
```

26
```
      4 . 1   2
  ×         9
  _____
```

27
```
      4 . 1   3
  ×       1 4
  _____
```

28
```
      4 . 3   4
  ×       2 5
  _____
```

1

29 5.13×4=

30 5.22×6=

31 5.67×8=

32 6.18×2=

33 6.31×7=

34 6.42×5=

35 6.68×3=

36 7.14×6=

37 7.24×4=

38 7.55×5=

39 8.15×3=

40 8.28×2=

41 8.54×11=

42 9.15×7=

43 9.22×19=

44 9.63×22=

(자연수)×(1보다 작은 소수 한 자리 수)

이렇게
계산해요

3×0.3의 계산

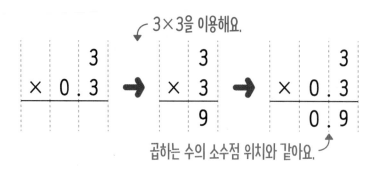

계산해 보세요.

1
$$\begin{array}{r} 2 \\ \times\ 0.1 \\ \hline \end{array}$$

2
$$\begin{array}{r} 2 \\ \times\ 0.2 \\ \hline \end{array}$$

3
$$\begin{array}{r} 2 \\ \times\ 0.6 \\ \hline \end{array}$$

4
$$\begin{array}{r} 3 \\ \times\ 0.4 \\ \hline \end{array}$$

5
$$\begin{array}{r} 3 \\ \times\ 0.8 \\ \hline \end{array}$$

6
$$\begin{array}{r} 4 \\ \times\ 0.2 \\ \hline \end{array}$$

7
$$\begin{array}{r} 4 \\ \times\ 0.6 \\ \hline \end{array}$$

8
$$\begin{array}{r} 5 \\ \times\ 0.1 \\ \hline \end{array}$$

1

9

		5
×	0 .	5

10

		5
×	0 .	7

11

		5
×	0 .	8

12

		5
×	0 .	9

13

		6
×	0 .	3

14

		6
×	0 .	7

15

		6
×	0 .	8

16

		7
×	0 .	6

17

		8
×	0 .	7

18

		9
×	0 .	8

19
$$\begin{array}{r} 2 \\ \times\ 0.3 \\ \hline \end{array}$$

24
$$\begin{array}{r} 3 \\ \times\ 0.7 \\ \hline \end{array}$$

20
$$\begin{array}{r} 2 \\ \times\ 0.8 \\ \hline \end{array}$$

25
$$\begin{array}{r} 4 \\ \times\ 0.3 \\ \hline \end{array}$$

21
$$\begin{array}{r} 2 \\ \times\ 0.9 \\ \hline \end{array}$$

26
$$\begin{array}{r} 4 \\ \times\ 0.7 \\ \hline \end{array}$$

22
$$\begin{array}{r} 3 \\ \times\ 0.1 \\ \hline \end{array}$$

27
$$\begin{array}{r} 4 \\ \times\ 0.8 \\ \hline \end{array}$$

23
$$\begin{array}{r} 3 \\ \times\ 0.5 \\ \hline \end{array}$$

28
$$\begin{array}{r} 5 \\ \times\ 0.3 \\ \hline \end{array}$$

1

29 $5 \times 0.4 =$

30 $5 \times 0.6 =$

31 $6 \times 0.1 =$

32 $6 \times 0.2 =$

33 $6 \times 0.6 =$

34 $7 \times 0.3 =$

35 $7 \times 0.4 =$

36 $7 \times 0.9 =$

37 $8 \times 0.1 =$

38 $8 \times 0.5 =$

39 $8 \times 0.9 =$

40 $9 \times 0.3 =$

41 $9 \times 0.5 =$

42 $9 \times 0.9 =$

43 $12 \times 0.3 =$

44 $13 \times 0.1 =$

DAY 06 (자연수)×(1보다 큰 소수 한 자리 수)

이렇게 계산해요

4×1.2의 계산

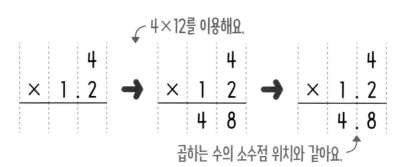

● 계산해 보세요.

1

```
      2
×  1 . 6
```

2

```
      2
×  2 . 3
```

3

```
      2
×  3 . 8
```

4

```
      3
×  1 . 3
```

5

```
      3
×  3 . 4
```

6

```
      3
×  5 . 2
```

7

```
      4
×  1 . 4
```

8

```
      4
×  2 . 4
```

1

9
```
        4
×   4 . 2
```

10
```
        5
×   1 . 4
```

11
```
        5
×   3 . 3
```

12
```
        6
×   3 . 3
```

13
```
        6
×   6 . 2
```

14
```
        7
×   1 . 1
```

15
```
        7
×   3 . 9
```

16
```
        8
×   2 . 6
```

17
```
        9
×   3 . 2
```

18
```
    1   6
×   2 . 4
```

19
$$\begin{array}{r} 2 \\ \times\ 1.8 \\ \hline \end{array}$$

24
$$\begin{array}{r} 3 \\ \times\ 6.6 \\ \hline \end{array}$$

20
$$\begin{array}{r} 2 \\ \times\ 3.3 \\ \hline \end{array}$$

25
$$\begin{array}{r} 4 \\ \times\ 1.9 \\ \hline \end{array}$$

21
$$\begin{array}{r} 2 \\ \times\ 5.4 \\ \hline \end{array}$$

26
$$\begin{array}{r} 4 \\ \times\ 4.3 \\ \hline \end{array}$$

22
$$\begin{array}{r} 3 \\ \times\ 2.3 \\ \hline \end{array}$$

27
$$\begin{array}{r} 4 \\ \times\ 7.2 \\ \hline \end{array}$$

23
$$\begin{array}{r} 3 \\ \times\ 4.4 \\ \hline \end{array}$$

28
$$\begin{array}{r} 5 \\ \times\ 2.3 \\ \hline \end{array}$$

1

29 $5 \times 2.4 =$

30 $5 \times 4.7 =$

31 $6 \times 2.6 =$

32 $6 \times 5.3 =$

33 $6 \times 7.2 =$

34 $7 \times 2.8 =$

35 $7 \times 4.1 =$

36 $7 \times 5.7 =$

37 $8 \times 1.1 =$

38 $8 \times 3.3 =$

39 $8 \times 4.8 =$

40 $9 \times 1.3 =$

41 $9 \times 4.4 =$

42 $9 \times 9.9 =$

43 $12 \times 6.6 =$

44 $31 \times 2.2 =$

(자연수)×(1보다 작은 소수 두 자리 수)

이렇게 계산해요

2×0.31의 계산

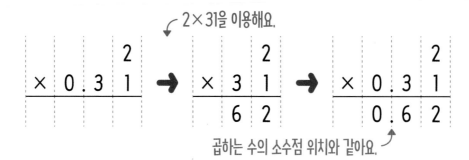

2×31을 이용해요.

곱하는 수의 소수점 위치와 같아요.

● 계산해 보세요.

1

$$\begin{array}{r} 2 \\ \times\ 0.0\ 1 \\ \hline \end{array}$$

2

$$\begin{array}{r} 2 \\ \times\ 0.0\ 3 \\ \hline \end{array}$$

3

$$\begin{array}{r} 2 \\ \times\ 0.1\ 4 \\ \hline \end{array}$$

4

$$\begin{array}{r} 3 \\ \times\ 0.0\ 7 \\ \hline \end{array}$$

5

$$\begin{array}{r} 3 \\ \times\ 0.0\ 8 \\ \hline \end{array}$$

6

$$\begin{array}{r} 3 \\ \times\ 0.0\ 9 \\ \hline \end{array}$$

7

$$\begin{array}{r} 4 \\ \times\ 0.1\ 2 \\ \hline \end{array}$$

8

$$\begin{array}{r} 4 \\ \times\ 0.2\ 6 \\ \hline \end{array}$$

9

			5
×	0	. 0	1

10

			5
×	0	. 2	7

11

			6
×	0	. 1	8

12

			6
×	0	. 3	9

13

			7
×	0	. 0	7

14

			7
×	0	. 8	1

15

			8
×	0	. 1	8

16

			8
×	0	. 5	8

17

			9
×	0	. 9	3

18

		1	1
×	0	. 7	1

19
```
        2
×  0 . 0  2
```

24
```
        3
×  0 . 2  2
```

20
```
        2
×  0 . 4  3
```

25
```
        3
×  0 . 8  1
```

21
```
        2
×  0 . 4  4
```

26
```
        3
×  0 . 9  2
```

22
```
        2
×  0 . 7  4
```

27
```
        4
×  0 . 4  2
```

23
```
        3
×  0 . 0  3
```

28
```
        4
×  0 . 5  1
```

1

29 $4 \times 0.92 =$

30 $5 \times 0.63 =$

31 $5 \times 0.65 =$

32 $6 \times 0.42 =$

33 $6 \times 0.88 =$

34 $7 \times 0.15 =$

35 $7 \times 0.41 =$

36 $8 \times 0.05 =$

37 $8 \times 0.11 =$

38 $9 \times 0.01 =$

39 $9 \times 0.11 =$

40 $10 \times 0.12 =$

41 $10 \times 0.15 =$

42 $11 \times 0.27 =$

43 $11 \times 0.31 =$

44 $12 \times 0.26 =$

(자연수)×(1보다 큰 소수 두 자리 수)

이렇게 계산해요

4×2.27의 계산

4×227을 이용해요.

곱하는 수의 소수점 위치와 같아요.

● 계산해 보세요.

1

```
      2
×  1 . 1  9
```

2

```
      2
×  3 . 4  7
```

3

```
      3
×  1 . 5  6
```

4

```
      3
×  4 . 3  4
```

5

```
      4
×  2 . 3  4
```

6

```
      4
×  3 . 8  3
```

7

```
      5
×  1 . 6  6
```

8

```
      5
×  2 . 1  8
```

1

9

```
          6
×   1 . 2 7
```

10

```
          6
×   3 . 3 2
```

11

```
          7
×   1 . 2 4
```

12

```
          7
×   2 . 9 5
```

13

```
          8
×   1 . 4 9
```

14

```
          8
×   3 . 2 2
```

15

```
          9
×   1 . 4 4
```

16

```
          9
×   2 . 3 3
```

17

```
          9
×   5 . 8 6
```

18

```
        1 2
×   1 . 0 6
```

19

$$\begin{array}{r} 2 \\ \times\ 1\ .\ 9\ \ 8 \\ \hline \end{array}$$

20

$$\begin{array}{r} 2 \\ \times\ 4\ .\ 5\ \ 5 \\ \hline \end{array}$$

21

$$\begin{array}{r} 3 \\ \times\ 2\ .\ 6\ \ 4 \\ \hline \end{array}$$

22

$$\begin{array}{r} 3 \\ \times\ 3\ .\ 7\ \ 7 \\ \hline \end{array}$$

23

$$\begin{array}{r} 4 \\ \times\ 3\ .\ 3\ \ 3 \\ \hline \end{array}$$

24

$$\begin{array}{r} 4 \\ \times\ 5\ .\ 4\ \ 9 \\ \hline \end{array}$$

25

$$\begin{array}{r} 4 \\ \times\ 5\ .\ 6\ \ 8 \\ \hline \end{array}$$

26

$$\begin{array}{r} 5 \\ \times\ 1\ .\ 4\ \ 9 \\ \hline \end{array}$$

27

$$\begin{array}{r} 5 \\ \times\ 1\ .\ 7\ \ 2 \\ \hline \end{array}$$

28

$$\begin{array}{r} 5 \\ \times\ 3\ .\ 2\ \ 4 \\ \hline \end{array}$$

29 $6 \times 1.59 =$

30 $6 \times 2.73 =$

31 $6 \times 5.67 =$

32 $7 \times 1.37 =$

33 $7 \times 1.99 =$

34 $7 \times 4.55 =$

35 $8 \times 1.36 =$

36 $8 \times 2.54 =$

37 $8 \times 4.72 =$

38 $9 \times 1.96 =$

39 $9 \times 2.75 =$

40 $9 \times 3.43 =$

41 $12 \times 1.57 =$

42 $14 \times 2.43 =$

43 $23 \times 3.19 =$

44 $35 \times 2.18 =$

● 계산해 보세요.

1
```
      0 . 3
  ×       8
─────────────
```

2
```
    0 . 1   3
  ×         3
─────────────
```

3
```
    0 . 5   4
  ×         5
─────────────
```

4
```
      1 . 1
  ×       5
─────────────
```

5
```
          3
  ×   3 . 2   1
─────────────
```

6
```
          2
  ×   0 . 4
─────────────
```

7
```
          8
  ×   4 . 7
─────────────
```

8
```
    3 . 3   3
  ×         3
─────────────
```

9
```
          7
  ×   0 . 5   6
─────────────
```

10
```
    1 . 3   2
  ×         2
─────────────
```

1

11 $2.6 \times 6 =$

12 $0.98 \times 7 =$

13 $2 \times 2.22 =$

14 $3.7 \times 3 =$

15 $6 \times 2.7 =$

16 $3.54 \times 4 =$

17 $3 \times 1.1 =$

18 $6 \times 6.6 =$

19 $1.59 \times 7 =$

20 $0.6 \times 7 =$

21 $9 \times 0.2 =$

22 $4 \times 0.22 =$

23 $5.4 \times 4 =$

24 $9 \times 0.23 =$

>> 다른 그림 8곳을 찾아보세요. ☆

소수의 곱셈(2)

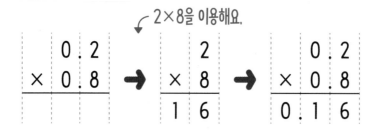

이렇게 계산해요

0.2×0.8의 계산

2×8을 이용해요.

$$
\begin{array}{r} 0.2 \\ \times\ 0.8 \\ \hline \end{array}
\ \rightarrow\
\begin{array}{r} 2 \\ \times\ 8 \\ \hline 1\ 6 \end{array}
\ \rightarrow\
\begin{array}{r} 0.2 \\ \times\ 0.8 \\ \hline 0.16 \end{array}
$$

● 계산해 보세요.

1

$$
\begin{array}{r} 0.1 \\ \times\ 0.3 \\ \hline \end{array}
$$

2

$$
\begin{array}{r} 0.2 \\ \times\ 0.4 \\ \hline \end{array}
$$

3

$$
\begin{array}{r} 0.3 \\ \times\ 0.5 \\ \hline \end{array}
$$

4

$$
\begin{array}{r} 0.4 \\ \times\ 0.9 \\ \hline \end{array}
$$

5

$$
\begin{array}{r} 0.5 \\ \times\ 0.7 \\ \hline \end{array}
$$

6

$$
\begin{array}{r} 0.6 \\ \times\ 2.6 \\ \hline \end{array}
$$

7

$$
\begin{array}{r} 0.7 \\ \times\ 0.3 \\ \hline \end{array}
$$

8

$$
\begin{array}{r} 0.8 \\ \times\ 1.2 \\ \hline \end{array}
$$

9

$$\begin{array}{r} 1.1 \\ \times\ 0.7 \\ \hline \end{array}$$

10

$$\begin{array}{r} 1.3 \\ \times\ 1.3 \\ \hline \end{array}$$

11

$$\begin{array}{r} 2.5 \\ \times\ 0.9 \\ \hline \end{array}$$

12

$$\begin{array}{r} 3.8 \\ \times\ 2.4 \\ \hline \end{array}$$

13

$$\begin{array}{r} 4.1 \\ \times\ 1.6 \\ \hline \end{array}$$

14

$$\begin{array}{r} 5.3 \\ \times\ 2.8 \\ \hline \end{array}$$

15

$$\begin{array}{r} 6.6 \\ \times\ 3.3 \\ \hline \end{array}$$

16

$$\begin{array}{r} 7.3 \\ \times\ 5.2 \\ \hline \end{array}$$

17

$$\begin{array}{r} 8.7 \\ \times\ 3.1 \\ \hline \end{array}$$

18

$$\begin{array}{r} 9.5 \\ \times\ 2.2 \\ \hline \end{array}$$

19
```
      0 . 1
  ×   0 . 7
```

24
```
      1 . 6
  ×   3 . 9
```

20
```
      0 . 4
  ×   0 . 6
```

25
```
      1 . 9
  ×   2 . 3
```

21
```
      0 . 5
  ×   0 . 4
```

26
```
      2 . 1
  ×   2 . 3
```

22
```
      0 . 6
  ×   0 . 3
```

27
```
      2 . 2
  ×   0 . 4
```

23
```
      1 . 2
  ×   3 . 3
```

28
```
      2 . 4
  ×   0 . 8
```

29 $3.3 \times 1.5 =$

37 $5.7 \times 1.6 =$

30 $3.7 \times 2.7 =$

38 $6.2 \times 2.8 =$

31 $3.8 \times 6.2 =$

39 $6.5 \times 1.2 =$

32 $4.1 \times 6.5 =$

40 $7.3 \times 0.9 =$

33 $4.5 \times 8.1 =$

41 $7.9 \times 1.7 =$

34 $4.6 \times 1.5 =$

42 $8.4 \times 2.6 =$

35 $5.3 \times 0.3 =$

43 $8.5 \times 1.5 =$

36 $5.4 \times 2.3 =$

44 $9.1 \times 3.6 =$

DAY 11 (소수 한 자리 수)×(소수 두 자리 수)

이렇게 계산해요

0.2×0.08의 계산

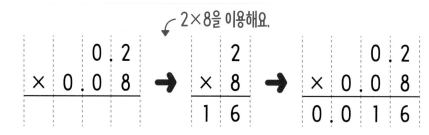

● 계산해 보세요.

1

```
      0 . 2
×   0 . 0 7
```

2

```
      0 . 2
×   0 . 1 5
```

3

```
      0 . 4
×   0 . 1 3
```

4

```
      0 . 5
×   0 . 1 1
```

5

```
      0 . 5
×   1 . 2 3
```

6

```
      0 . 6
×   0 . 2 9
```

7

```
      0 . 7
×   0 . 4 1
```

8

```
      0 . 8
×   1 . 2 1
```

2

9

```
      1 . 1
×   0 . 1 1
```

10

```
      1 . 4
×   1 . 0 7
```

11

```
      2 . 9
×   0 . 3 4
```

12

```
      3 . 4
×   0 . 0 6
```

13

```
      4 . 8
×   1 . 2 4
```

14

```
      5 . 5
×   0 . 2 1
```

15

```
      6 . 4
×   3 . 0 1
```

16

```
      7 . 3
×   2 . 5 1
```

17

```
      8 . 2
×   1 . 9 3
```

18

```
      9 . 1
×   0 . 3 7
```

19

$$\begin{array}{r} 0.2 \\ \times\ 0.34 \\ \hline \end{array}$$

24

$$\begin{array}{r} 0.7 \\ \times\ 1.01 \\ \hline \end{array}$$

20

$$\begin{array}{r} 0.3 \\ \times\ 1.03 \\ \hline \end{array}$$

25

$$\begin{array}{r} 0.8 \\ \times\ 1.54 \\ \hline \end{array}$$

21

$$\begin{array}{r} 0.4 \\ \times\ 0.09 \\ \hline \end{array}$$

26

$$\begin{array}{r} 0.9 \\ \times\ 2.08 \\ \hline \end{array}$$

22

$$\begin{array}{r} 0.5 \\ \times\ 1.11 \\ \hline \end{array}$$

27

$$\begin{array}{r} 1.2 \\ \times\ 0.23 \\ \hline \end{array}$$

23

$$\begin{array}{r} 0.6 \\ \times\ 3.11 \\ \hline \end{array}$$

28

$$\begin{array}{r} 1.4 \\ \times\ 0.74 \\ \hline \end{array}$$

29 $1.8 \times 0.21 =$

30 $2.1 \times 0.74 =$

31 $2.7 \times 0.37 =$

32 $3.1 \times 1.01 =$

33 $3.3 \times 5.06 =$

34 $4.2 \times 0.18 =$

35 $4.6 \times 1.16 =$

36 $4.7 \times 0.49 =$

37 $5.8 \times 0.11 =$

38 $6.3 \times 3.15 =$

39 $6.8 \times 0.12 =$

40 $7.2 \times 1.04 =$

41 $7.4 \times 3.11 =$

42 $8.1 \times 1.18 =$

43 $8.5 \times 3.52 =$

44 $9.2 \times 0.14 =$

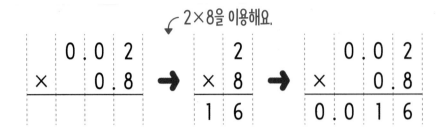

이렇게
계산해요

0.02×0.8의 계산

계산해 보세요.

1

```
    0 . 0 3
  ×     0 . 4
```

2

```
    0 . 0 9
  ×     0 . 2
```

3

```
    0 . 1 8
  ×     1 . 4
```

4

```
    0 . 5 5
  ×     1 . 5
```

5

```
    0 . 7 4
  ×     0 . 9
```

6

```
    1 . 0 6
  ×     1 . 5
```

7

```
    1 . 1 3
  ×     0 . 2
```

8

```
    2 . 1 6
  ×     0 . 6
```

9

$$\begin{array}{r} 2\ .\ 2\ 1 \\ \times\quad 1\ .\ 4 \\ \hline \end{array}$$

14

$$\begin{array}{r} 6\ .\ 0\ 3 \\ \times\quad 2\ .\ 1 \\ \hline \end{array}$$

10

$$\begin{array}{r} 3\ .\ 0\ 7 \\ \times\quad 0\ .\ 3 \\ \hline \end{array}$$

15

$$\begin{array}{r} 6\ .\ 2\ 2 \\ \times\quad 1\ .\ 7 \\ \hline \end{array}$$

11

$$\begin{array}{r} 3\ .\ 3\ 1 \\ \times\quad 0\ .\ 5 \\ \hline \end{array}$$

16

$$\begin{array}{r} 7\ .\ 3\ 6 \\ \times\quad 1\ .\ 1 \\ \hline \end{array}$$

12

$$\begin{array}{r} 4\ .\ 5\ 4 \\ \times\quad 2\ .\ 2 \\ \hline \end{array}$$

17

$$\begin{array}{r} 8\ .\ 5\ 4 \\ \times\quad 0\ .\ 7 \\ \hline \end{array}$$

13

$$\begin{array}{r} 5\ .\ 1\ 6 \\ \times\quad 4\ .\ 5 \\ \hline \end{array}$$

18

$$\begin{array}{r} 9\ .\ 0\ 9 \\ \times\quad 2\ .\ 3 \\ \hline \end{array}$$

19
$$\begin{array}{r} 0.04 \\ \times\ \ 2.3 \\ \hline \end{array}$$

20
$$\begin{array}{r} 0.06 \\ \times\ \ 1.2 \\ \hline \end{array}$$

21
$$\begin{array}{r} 0.17 \\ \times\ \ 0.8 \\ \hline \end{array}$$

22
$$\begin{array}{r} 0.23 \\ \times\ \ 4.3 \\ \hline \end{array}$$

23
$$\begin{array}{r} 0.38 \\ \times\ \ 2.1 \\ \hline \end{array}$$

24
$$\begin{array}{r} 0.44 \\ \times\ \ 1.1 \\ \hline \end{array}$$

25
$$\begin{array}{r} 0.57 \\ \times\ \ 0.9 \\ \hline \end{array}$$

26
$$\begin{array}{r} 0.69 \\ \times\ \ 1.9 \\ \hline \end{array}$$

27
$$\begin{array}{r} 0.78 \\ \times\ \ 2.6 \\ \hline \end{array}$$

28
$$\begin{array}{r} 0.85 \\ \times\ \ 5.5 \\ \hline \end{array}$$

2

29 $0.91 \times 7.3 =$

30 $1.01 \times 3.4 =$

31 $1.17 \times 1.7 =$

32 $2.31 \times 1.1 =$

33 $2.51 \times 6.7 =$

34 $3.14 \times 2.2 =$

35 $3.73 \times 4.6 =$

36 $4.32 \times 8.4 =$

37 $4.51 \times 3.2 =$

38 $5.19 \times 2.6 =$

39 $6.42 \times 3.4 =$

40 $6.81 \times 1.5 =$

41 $7.27 \times 2.5 =$

42 $7.78 \times 1.3 =$

43 $8.89 \times 2.1 =$

44 $9.94 \times 1.4 =$

DAY 13 (소수 두 자리 수)×(소수 두 자리 수)

이렇게 계산해요

0.02×0.08의 계산

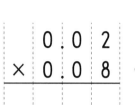

2×8을 이용해요.

```
    0 . 0 2              2              0 . 0 2
  × 0 . 0 8    →      ×  8     →      × 0 . 0 8
                       1 6            0 . 0 0 1 6
```

● 계산해 보세요.

1
```
    0 . 0 3
  × 0 . 0 2
```

2
```
    0 . 0 4
  × 0 . 0 4
```

3
```
    0 . 0 5
  × 0 . 6 3
```

4
```
    0 . 0 7
  × 0 . 3 3
```

5
```
    0 . 0 8
  × 1 . 5 2
```

6
```
    0 . 1 3
  × 0 . 1 7
```

7
```
    0 . 4 8
  × 0 . 7 1
```

8
```
    0 . 5 6
  × 0 . 2 4
```

9

$$\begin{array}{r} 0.72 \\ \times\ 0.27 \\ \hline \end{array}$$

14

$$\begin{array}{r} 3.25 \\ \times\ 1.12 \\ \hline \end{array}$$

10

$$\begin{array}{r} 0.99 \\ \times\ 0.16 \\ \hline \end{array}$$

15

$$\begin{array}{r} 4.07 \\ \times\ 0.52 \\ \hline \end{array}$$

11

$$\begin{array}{r} 1.05 \\ \times\ 0.72 \\ \hline \end{array}$$

16

$$\begin{array}{r} 6.53 \\ \times\ 2.14 \\ \hline \end{array}$$

12

$$\begin{array}{r} 1.11 \\ \times\ 0.14 \\ \hline \end{array}$$

17

$$\begin{array}{r} 7.78 \\ \times\ 1.09 \\ \hline \end{array}$$

13

$$\begin{array}{r} 2.31 \\ \times\ 0.69 \\ \hline \end{array}$$

18

$$\begin{array}{r} 9.12 \\ \times\ 1.53 \\ \hline \end{array}$$

19
$$\begin{array}{r} 0.03 \\ \times\ 0.23 \\ \hline \end{array}$$

24
$$\begin{array}{r} 0.71 \\ \times\ 2.14 \\ \hline \end{array}$$

20
$$\begin{array}{r} 0.04 \\ \times\ 0.57 \\ \hline \end{array}$$

25
$$\begin{array}{r} 0.85 \\ \times\ 0.91 \\ \hline \end{array}$$

21
$$\begin{array}{r} 0.06 \\ \times\ 1.81 \\ \hline \end{array}$$

26
$$\begin{array}{r} 0.87 \\ \times\ 3.21 \\ \hline \end{array}$$

22
$$\begin{array}{r} 0.21 \\ \times\ 0.35 \\ \hline \end{array}$$

27
$$\begin{array}{r} 0.94 \\ \times\ 0.49 \\ \hline \end{array}$$

23
$$\begin{array}{r} 0.66 \\ \times\ 1.22 \\ \hline \end{array}$$

28
$$\begin{array}{r} 0.96 \\ \times\ 1.12 \\ \hline \end{array}$$

29 $1.35 \times 1.35 =$

30 $1.61 \times 0.65 =$

31 $2.01 \times 0.14 =$

32 $2.33 \times 1.13 =$

33 $2.76 \times 2.22 =$

34 $3.12 \times 2.13 =$

35 $3.54 \times 2.51 =$

36 $4.52 \times 3.11 =$

37 $5.06 \times 2.06 =$

38 $5.39 \times 1.07 =$

39 $6.81 \times 3.11 =$

40 $7.27 \times 1.51 =$

41 $7.55 \times 2.26 =$

42 $8.09 \times 0.48 =$

43 $8.79 \times 1.26 =$

44 $9.32 \times 1.93 =$

소수의 곱셈에서 곱의 소수점 위치 찾기

이렇게
계산해요

곱의 소수점 위치

$1.2 \times 1 = 1.2$ $12 \times 1 = 12$ $3 \times 7 = 21$

$1.2 \times 10 = 12$ $12 \times 0.1 = 1.2$ $0.3 \times 0.7 = 0.21$

$1.2 \times 100 = 120$ $12 \times 0.01 = 0.12$ $0.3 \times 0.07 = 0.021$

$1.2 \times 1000 = 1200$ $12 \times 0.001 = 0.012$ $0.03 \times 0.7 = 0.021$

● 계산해 보세요.

1
$0.3 \times 1 =$
$0.3 \times 10 =$
$0.3 \times 100 =$
$0.3 \times 1000 =$

2
$0.5 \times 1 =$
$0.5 \times 10 =$
$0.5 \times 100 =$
$0.5 \times 1000 =$

3
$0.76 \times 1 =$
$0.76 \times 10 =$
$0.76 \times 100 =$
$0.76 \times 1000 =$

4
$0.947 \times 1 =$
$0.947 \times 10 =$
$0.947 \times 100 =$
$0.947 \times 1000 =$

5
$1.5 \times 1 =$
$1.5 \times 10 =$
$1.5 \times 100 =$
$1.5 \times 1000 =$

6
$3.32 \times 1 =$
$3.32 \times 10 =$
$3.32 \times 100 =$
$3.32 \times 1000 =$

7
$6.11 \times 1 =$
$6.11 \times 10 =$
$6.11 \times 100 =$
$6.11 \times 1000 =$

8
$8.249 \times 1 =$
$8.249 \times 10 =$
$8.249 \times 100 =$
$8.249 \times 1000 =$

9   $4 \times 1 =$
$4 \times 0.1 =$
$4 \times 0.01 =$
$4 \times 0.001 =$

10   $9 \times 1 =$
$9 \times 0.1 =$
$9 \times 0.01 =$
$9 \times 0.001 =$

11   $11 \times 1 =$
$11 \times 0.1 =$
$11 \times 0.01 =$
$11 \times 0.001 =$

12   $75 \times 1 =$
$75 \times 0.1 =$
$75 \times 0.01 =$
$75 \times 0.001 =$

13   $92 \times 1 =$
$92 \times 0.1 =$
$92 \times 0.01 =$
$92 \times 0.001 =$

14   $222 \times 1 =$
$222 \times 0.1 =$
$222 \times 0.01 =$
$222 \times 0.001 =$

15   $516 \times 1 =$
$516 \times 0.1 =$
$516 \times 0.01 =$
$516 \times 0.001 =$

16   $831 \times 1 =$
$831 \times 0.1 =$
$831 \times 0.01 =$
$831 \times 0.001 =$

17   $1357 \times 1 =$
$1357 \times 0.1 =$
$1357 \times 0.01 =$
$1357 \times 0.001 =$

18   $2468 \times 1 =$
$2468 \times 0.1 =$
$2468 \times 0.01 =$
$2468 \times 0.001 =$

19 $3 \times 8 = 24$

$0.3 \times 0.8 =$

$0.3 \times 0.08 =$

$0.03 \times 0.08 =$

20 $4 \times 12 = 48$

$0.4 \times 1.2 =$

$0.4 \times 0.12 =$

$0.04 \times 0.12 =$

21 $6 \times 16 = 96$

$0.6 \times 1.6 =$

$0.06 \times 1.6 =$

$0.06 \times 0.16 =$

22 $7 \times 5 = 35$

$0.7 \times 0.5 =$

$0.07 \times 0.5 =$

$0.07 \times 0.05 =$

23 $11 \times 7 = 77$

$1.1 \times 0.7 =$

$1.1 \times 0.07 =$

$0.11 \times 0.07 =$

24 $21 \times 3 = 63$

$2.1 \times 0.3 =$

$0.21 \times 0.3 =$

$0.21 \times 0.03 =$

25 $12 \times 12 = 144$

$1.2 \times 1.2 =$

$1.2 \times 0.12 =$

$0.12 \times 0.12 =$

26 $17 \times 13 = 221$

$1.7 \times 1.3 =$

$0.17 \times 1.3 =$

$0.17 \times 0.13 =$

27 $204 \times 3 = 612$

$20.4 \times 0.3 =$

$20.4 \times 0.03 =$

$2.04 \times 0.03 =$

28 $335 \times 6 = 2010$

$33.5 \times 0.6 =$

$3.35 \times 0.6 =$

$3.35 \times 0.06 =$

29 $161 \times 51 = 8211$

$16.1 \times 5.1 =$

$16.1 \times 0.51 =$

$1.61 \times 0.51 =$

30 $222 \times 13 = 2886$

$22.2 \times 1.3 =$

$2.22 \times 1.3 =$

$2.22 \times 0.13 =$

31 $3.3 \times 13 = 42.9$

$3.3 \times 1.3 =$

$0.33 \times 1.3 =$

$0.33 \times 0.13 =$

32 $5.1 \times 17 = 86.7$

$5.1 \times 1.7 =$

$5.1 \times 0.17 =$

$0.51 \times 0.17 =$

33 $7.12 \times 8 = 56.96$

$7.12 \times 0.8 =$

$7.12 \times 0.08 =$

$0.712 \times 0.08 =$

34 $15 \times 1.5 = 22.5$

$1.5 \times 1.5 =$

$0.15 \times 1.5 =$

$0.15 \times 0.15 =$

35 $19 \times 1.1 = 20.9$

$1.9 \times 1.1 =$

$1.9 \times 0.11 =$

$0.19 \times 0.11 =$

36 $9 \times 1.16 = 10.44$

$0.9 \times 1.16 =$

$0.09 \times 1.16 =$

$0.09 \times 0.116 =$

37 $6.7 \times 1.4 = 9.38$

$6.7 \times 0.14 =$

$0.67 \times 0.14 =$

$0.067 \times 0.14 =$

38 $9.2 \times 3.5 = 32.2$

$0.92 \times 3.5 =$

$0.92 \times 0.35 =$

$0.92 \times 0.035 =$

● 계산해 보세요.

1
$$
\begin{array}{r}
0\,.\,8 \\
\times\ \ 1\,.\,2\ 4 \\
\hline
\end{array}
$$

6
$$
\begin{array}{r}
1\,.\,1 \\
\times\ \ 0\,.\,4\ 5 \\
\hline
\end{array}
$$

2
$$
\begin{array}{r}
0\,.\,8\ 4 \\
\times\ \ 0\,.\,2\ 4 \\
\hline
\end{array}
$$

7
$$
\begin{array}{r}
1\,.\,4\ 7 \\
\times\ \ \ \ 2\,.\,6 \\
\hline
\end{array}
$$

3
$$
\begin{array}{r}
0\,.\,9\ 8 \\
\times\ \ \ \ 0\,.\,2 \\
\hline
\end{array}
$$

8
$$
\begin{array}{r}
2\,.\,1\ 2 \\
\times\ \ \ \ 2\,.\,1 \\
\hline
\end{array}
$$

4
$$
\begin{array}{r}
1\,.\,0\ 1 \\
\times\ \ 0\,.\,2\ 3 \\
\hline
\end{array}
$$

9
$$
\begin{array}{r}
3\,.\,2\ 1 \\
\times\ \ 1\,.\,2\ 3 \\
\hline
\end{array}
$$

5
$$
\begin{array}{r}
1\,.\,1 \\
\times\ \ 0\,.\,4 \\
\hline
\end{array}
$$

10
$$
\begin{array}{r}
3\,.\,5 \\
\times\ \ 1\,.\,2 \\
\hline
\end{array}
$$

11 $0.33 \times 4.5 =$

12 $0.5 \times 1.5 =$

13 $1.11 \times 2.59 =$

14 $1.9 \times 0.51 =$

15 $3.75 \times 3.11 =$

16 $4.2 \times 1.38 =$

17 $6.1 \times 1.6 =$

● 주어진 식을 이용하여 계산해 보세요.

18 $2.3 \times 1 = 2.3$

$2.3 \times 10 =$

$2.3 \times 100 =$

$2.3 \times 1000 =$

19 $45 \times 1 = 45$

$45 \times 0.1 =$

$45 \times 0.01 =$

$45 \times 0.001 =$

20 $6 \times 7 = 42$

$0.6 \times 0.7 =$

$0.06 \times 0.7 =$

$0.06 \times 0.07 =$

21 $8 \times 9 = 72$

$0.8 \times 0.9 =$

$0.8 \times 0.09 =$

$0.08 \times 0.09 =$

다른 그림 찾기

>> 다른 그림 8곳을 찾아보세요.

소수의
나눗셈(1)

(소수)÷(자연수)
: 자연수의 나눗셈을 이용하는 경우

이렇게 계산해요

24.6÷2, 2.46÷2의 계산

$$246 \div 2 = 123$$
$$24.6 \div 2 = 12.3$$
$$2.46 \div 2 = 1.23$$

$$\frac{1}{100} \quad \frac{1}{10} \quad \frac{1}{10} \quad \frac{1}{100}$$

● 자연수의 나눗셈을 이용하여 ☐ 안에 알맞은 수를 써넣으세요.

1 108÷4=27

10.8÷4=☐

1.08÷4=☐

2 126÷3=42

12.6÷3=☐

1.26÷3=☐

3 168÷3=56

16.8÷3=☐

1.68÷3=☐

4 175÷7=25

17.5÷7=☐

1.75÷7=☐

5 189÷9=21

18.9÷9=☐

1.89÷9=☐

6 216÷4=54

21.6÷4=☐

2.16÷4=☐

7 256÷8=32

25.6÷8=☐

2.56÷8=☐

8 266÷2=133

26.6÷2=☐

2.66÷2=☐

9 | 336÷6=56

33.6÷6=☐

3.36÷6=☐

10 | 375÷3=125

37.5÷3=☐

3.75÷3=☐

11 | 452÷4=113

45.2÷4=☐

4.52÷4=☐

12 | 555÷5=111

55.5÷5=☐

5.55÷5=☐

13 | 624÷6=104

62.4÷6=☐

6.24÷6=☐

14 | 639÷3=213

63.9÷3=☐

6.39÷3=☐

15 | 774÷6=129

77.4÷6=☐

7.74÷6=☐

16 | 784÷7=112

78.4÷7=☐

7.84÷7=☐

17 | 864÷2=432

86.4÷2=☐

8.64÷2=☐

18 | 936÷3=312

93.6÷3=☐

9.36÷3=☐

19 $125 \div 5 =$
   $12.5 \div 5 =$
   $1.25 \div 5 =$

20 $135 \div 3 =$
   $13.5 \div 3 =$
   $1.35 \div 3 =$

21 $148 \div 4 =$
   $14.8 \div 4 =$
   $1.48 \div 4 =$

22 $192 \div 8 =$
   $19.2 \div 8 =$
   $1.92 \div 8 =$

23 $212 \div 4 =$
   $21.2 \div 4 =$
   $2.12 \div 4 =$

24 $224 \div 2 =$
   $22.4 \div 2 =$
   $2.24 \div 2 =$

25 $231 \div 3 =$
   $23.1 \div 3 =$
   $2.31 \div 3 =$

26 $256 \div 4 =$
   $25.6 \div 4 =$
   $2.56 \div 4 =$

27 $268 \div 2 =$
   $26.8 \div 2 =$
   $2.68 \div 2 =$

28 $306 \div 9 =$
   $30.6 \div 9 =$
   $3.06 \div 9 =$

29 $355 \div 5 =$
   $35.5 \div 5 =$
   $3.55 \div 5 =$

30 $396 \div 6 =$
   $39.6 \div 6 =$
   $3.96 \div 6 =$

31
$441 \div 7 =$
$44.1 \div 7 =$
$4.41 \div 7 =$

32
$448 \div 4 =$
$44.8 \div 4 =$
$4.48 \div 4 =$

33
$536 \div 8 =$
$53.6 \div 8 =$
$5.36 \div 8 =$

34
$598 \div 2 =$
$59.8 \div 2 =$
$5.98 \div 2 =$

35
$645 \div 3 =$
$64.5 \div 3 =$
$6.45 \div 3 =$

36
$654 \div 6 =$
$65.4 \div 6 =$
$6.54 \div 6 =$

37
$715 \div 5 =$
$71.5 \div 5 =$
$7.15 \div 5 =$

38
$732 \div 4 =$
$73.2 \div 4 =$
$7.32 \div 4 =$

39
$791 \div 7 =$
$79.1 \div 7 =$
$7.91 \div 7 =$

40
$862 \div 2 =$
$86.2 \div 2 =$
$8.62 \div 2 =$

41
$868 \div 7 =$
$86.8 \div 7 =$
$8.68 \div 7 =$

42
$972 \div 9 =$
$97.2 \div 9 =$
$9.72 \div 9 =$

3

(소수)÷(자연수)

: 몫이 1보다 큰 경우

이렇게 계산해요

5.4÷2의 계산

↙ 54÷2를 이용해요.　　　↙ 소수점을 올려 찍어요.

$$
2\overline{)5.4} \quad \rightarrow \quad 2\overline{)5\ 4} \quad \rightarrow \quad 2\overline{)5.4}
$$

$$
\begin{array}{r} 2\,7 \\ 2\,)\overline{5\ 4} \\ 4 \\ \hline 1\ 4 \\ 1\ 4 \\ \hline 0 \end{array}
\qquad
\begin{array}{r} 2.7 \\ 2\,)\overline{5.4} \\ 4 \\ \hline 1\ 4 \\ 1\ 4 \\ \hline 0 \end{array}
$$

● 계산해 보세요.

1
$$2\overline{)3.6}$$

3
$$3\overline{)6.3}$$

5
$$6\overline{)8.4}$$

2
$$4\overline{)5.6}$$

4
$$5\overline{)7.5}$$

6
$$7\overline{)9.1}$$

7

8

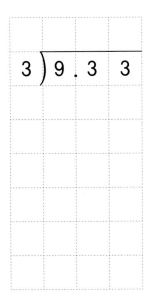

9

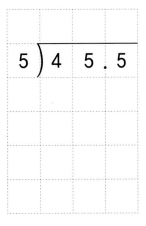

10

11

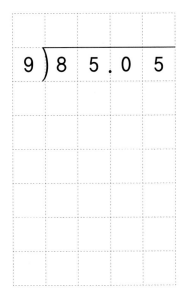

12

13

$3 \overline{)3.6\ 9}$

14

$3 \overline{)3.9}$

15

$4 \overline{)4.4}$

16

$2 \overline{)4.8\ 8}$

17

$3 \overline{)5.4}$

18

$5 \overline{)5.6\ 5}$

19

$4 \overline{)6.8\ 8}$

20

$3 \overline{)6.9}$

21

$6 \overline{)7.8}$

22

$3 \overline{)8.1}$

23

$5 \overline{)8.5}$

24

$7 \overline{)9.8}$

3

25 $9.92 \div 8 =$

26 $9.96 \div 3 =$

27 $10.2 \div 6 =$

28 $11.7 \div 9 =$

29 $28.5 \div 3 =$

30 $34.32 \div 8 =$

31 $34.5 \div 5 =$

32 $43.8 \div 3 =$

33 $47.95 \div 7 =$

34 $50.28 \div 4 =$

35 $59.2 \div 4 =$

36 $71.6 \div 4 =$

37 $77.52 \div 12 =$

38 $85.2 \div 6 =$

DAY 18 (소수)÷(자연수)
: 몫이 1보다 작은 경우

이렇게 계산해요

1.52÷4의 계산

152÷4를 이용해요.

몫이 1보다 작으면 일의 자리에 0을 써요.

$$4 \overline{)1.52}$$

→

$$
\begin{array}{r}
38 \\
4 \overline{)152} \\
12 \\
\hline
32 \\
32 \\
\hline
0
\end{array}
$$

→

$$
\begin{array}{r}
0.38 \\
4 \overline{)1.52} \\
12 \\
\hline
32 \\
32 \\
\hline
0
\end{array}
$$

● 계산해 보세요.

1

$$2 \overline{)0.6}$$

4

$$5 \overline{)2.5}$$

2

$$4 \overline{)1.6}$$

5

$$7 \overline{)3.5}$$

3

$$6 \overline{)2.4}$$

6

$$9 \overline{)3.6}$$

7

$$6 \overline{\smash{)}3\,.\,7\,2}$$

8

$$7 \overline{\smash{)}4\,.\,5\,5}$$

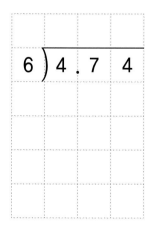

9

$$6 \overline{\smash{)}4\,.\,7\,4}$$

10

$$8 \overline{\smash{)}5\,.\,5\,2}$$

11

$$9 \overline{\smash{)}6\,.\,0\,3}$$

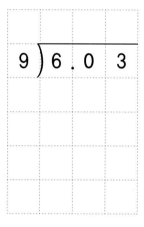

12

$$1\,1 \overline{\smash{)}1\,0\,.\,8\,9}$$

3

13

$5 \overline{)\,0\,.\,5\,}$

14

$4 \overline{)\,2\,.\,5\quad 2\,}$

15

$3 \overline{)\,2\,.\,8\quad 8\,}$

16

$4 \overline{)\,2\,.\,9\quad 6\,}$

17

$6 \overline{)\,3\,.\,3\quad 6\,}$

18

$4 \overline{)\,3\,.\,8\quad 4\,}$

19

$7 \overline{)\,4\,.\,2\,}$

20

$6 \overline{)\,4\,.\,3\quad 2\,}$

21

$8 \overline{)\,4\,.\,5\quad 6\,}$

22

$5 \overline{)\,4\,.\,9\quad 5\,}$

23

$9 \overline{)\,5\,.\,4\,}$

24

$8 \overline{)\,5\,.\,6\,}$

25 $6.23 \div 7 =$

26 $6.24 \div 8 =$

27 $6.48 \div 9 =$

28 $6.51 \div 7 =$

29 $7.74 \div 9 =$

30 $7.92 \div 8 =$

31 $8.37 \div 9 =$

32 $9.1 \div 13 =$

33 $9.6 \div 12 =$

34 $9.9 \div 11 =$

35 $10.5 \div 15 =$

36 $11.13 \div 21 =$

37 $12.48 \div 13 =$

38 $21.76 \div 34 =$

3

DAY 19

(소수)÷(자연수)

: 소수점 아래 0을 내려 계산하는 경우

이렇게 계산해요

1.7÷5의 계산

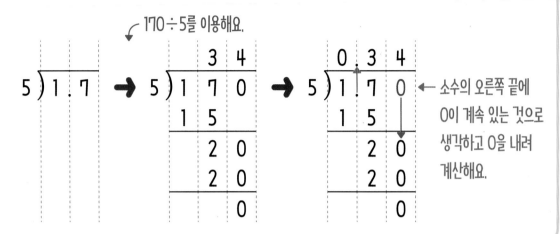

170÷5를 이용해요.

소수의 오른쪽 끝에 0이 계속 있는 것으로 생각하고 0을 내려 계산해요.

● 계산해 보세요.

1

$$2\overline{\smash{)}1\,.\,5}$$

3

$$8\overline{\smash{)}7\,.\,6}$$

2

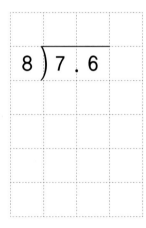

4

5

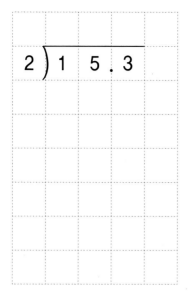

$2\overline{)\,1\ 5\,.\ 3}$

6

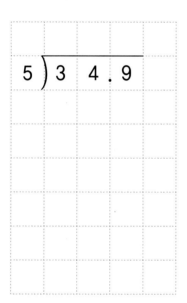

$5\overline{)\,3\ 4\,.\ 9}$

7

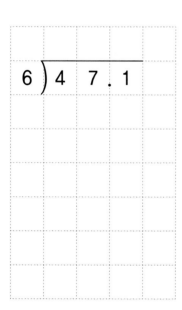

$6\overline{)\,4\ 7\,.\ 1}$

8

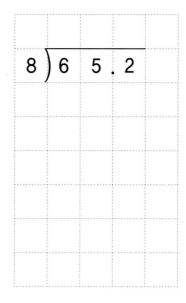

$8\overline{)\,6\ 5\,.\ 2}$

9

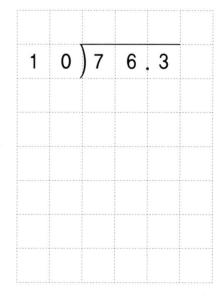

$1\ 0\overline{)\,7\ 6\,.\ 3}$

10

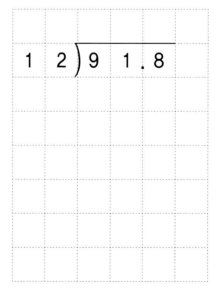

$1\ 2\overline{)\,9\ 1\,.\ 8}$

11

$2 \overline{)\ 1\ .\ 3}$

12

$5 \overline{)\ 2\ .\ 6}$

13

$4 \overline{)\ 3\ .\ 4}$

14

$5 \overline{)\ 4\ .\ 9}$

15

$6 \overline{)\ 5\ .\ 1}$

16

$8 \overline{)\ 6\ .\ 8}$

17

$2 \overline{)\ 8\ .\ 3}$

18

$5 \overline{)\ 9\ .\ 4}$

19

$4 \overline{)\ 9\ .\ 8}$

20

$6 \overline{)\ 1\ 0\ .\ 5}$

21

$5 \overline{)\ 1\ 1\ .\ 7}$

22

$8 \overline{)\ 1\ 4\ .\ 8}$

23 $18.6 \div 5 =$

24 $21.3 \div 5 =$

25 $25.4 \div 4 =$

26 $33.3 \div 6 =$

27 $37.2 \div 8 =$

28 $40.8 \div 5 =$

29 $41.2 \div 8 =$

30 $52.5 \div 14 =$

31 $55.8 \div 15 =$

32 $60.9 \div 14 =$

33 $71.5 \div 26 =$

34 $73.8 \div 12 =$

35 $82.2 \div 12 =$

36 $91.8 \div 15 =$

DAY 20 (소수)÷(자연수)

: 몫의 소수 첫째 자리에 0이 있는 경우

이렇게 계산해요

4.12÷2의 계산

412÷2를 이용해요.

1을 2로 나눌 수 없으므로 0을 써요.

$$
2\overline{)4.12}
\quad\rightarrow\quad
\begin{array}{r} 206 \\ 2\overline{)412} \\ \underline{4} \\ 12 \\ \underline{12} \\ 0 \end{array}
\quad\rightarrow\quad
\begin{array}{r} 206 \\ 2\overline{)4.12} \\ \underline{4} \\ 12 \\ \underline{12} \\ 0 \end{array}
$$

● 계산해 보세요.

1

$$2\overline{)0.12}$$

2

$$3\overline{)3.12}$$

3

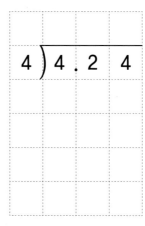

$$4\overline{)4.24}$$

4

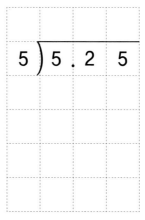

$$5\overline{)5.25}$$

5

$$8 \,\big)\, 1 \;\; 6 \,.\, 7 \;\; 2$$

6

$$7 \,\big)\, 3 \;\; 5 \,.\, 2 \;\; 1$$

7

$$4 \,\big)\, 4 \;\; 8 \,.\, 1 \;\; 6$$

8

$$1 \;\; 3 \,\big)\, 6 \;\; 5 \,.\, 6 \;\; 5$$

9

$$8 \,\big)\, 7 \;\; 2 \,.\, 4$$

10

$$1 \;\; 4 \,\big)\, 8 \;\; 4 \,.\, 7$$

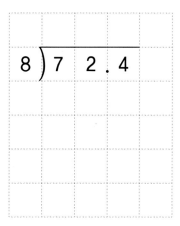
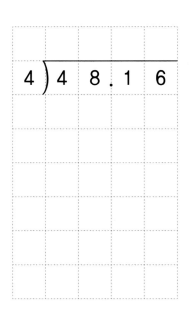
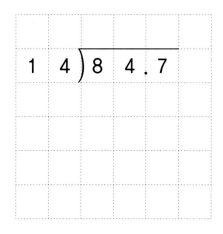

11

$5 \overline{)\ 0.2\ 5}$

12

$2 \overline{)\ 4.1\ 4}$

13

$6 \overline{)\ 6.5\ 4}$

14

$7 \overline{)\ 7.3\ 5}$

15

$4 \overline{)\ 8.2\ 4}$

16

$3 \overline{)\ 9.2\ 1}$

17

$5 \overline{)\ 1\ 0.1\ 5}$

18

$6 \overline{)\ 1\ 2.3\ 6}$

19

$5 \overline{)\ 1\ 5.1}$

20

$8 \overline{)\ 1\ 6.4}$

21

$6 \overline{)\ 1\ 8.3}$

22

$5 \overline{)\ 2\ 0.2}$

23 $21.42 \div 7 =$

30 $55.44 \div 18 =$

24 $24.24 \div 8 =$

31 $60.45 \div 15 =$

25 $30.35 \div 5 =$

32 $71.12 \div 14 =$

26 $36.16 \div 4 =$

33 $72.6 \div 12 =$

27 $36.81 \div 9 =$

34 $84.6 \div 12 =$

28 $42.42 \div 6 =$

35 $90.6 \div 15 =$

29 $48.36 \div 12 =$

36 $96.8 \div 16 =$

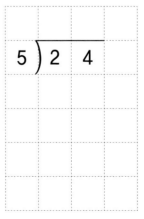

DAY 21 (자연수)÷(자연수)

이렇게 계산해요

6÷5의 계산

60÷5를 이용해요.

$$5\overline{)6} \rightarrow 5\overline{)60}$$

자연수 뒤에 소수점이 있다고 생각하고 0을 내려 계산해요.

● 계산해 보세요.

1
$$5\overline{)4}$$

3
$$4\overline{)18}$$

2
$$2\overline{)7}$$

4
$$5\overline{)24}$$

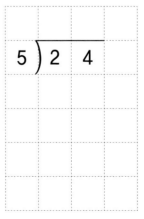

5

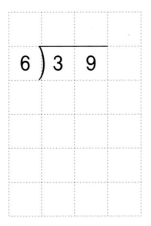

6

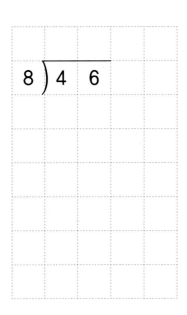

7

$1\ 2\ )\ 5\ 1$

8

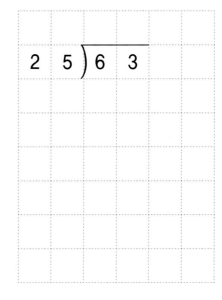

9

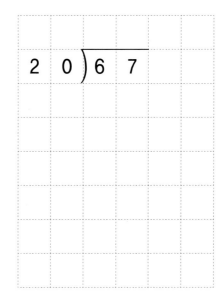

10

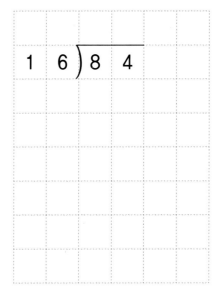

11

$4 \overline{\smash{)}3}$

12

$8 \overline{\smash{)}4}$

13

$5 \overline{\smash{)}7}$

14

$6 \overline{\smash{)}9}$

15

$5 \overline{\smash{)}12}$

16

$2 \overline{\smash{)}15}$

17

$4 \overline{\smash{)}17}$

18

$8 \overline{\smash{)}20}$

19

$4 \overline{\smash{)}22}$

20

$8 \overline{\smash{)}22}$

21

$5 \overline{\smash{)}26}$

22

$4 \overline{\smash{)}27}$

23 $31 \div 2 =$

24 $32 \div 25 =$

25 $36 \div 8 =$

26 $37 \div 4 =$

27 $42 \div 5 =$

28 $48 \div 5 =$

29 $50 \div 8 =$

30 $56 \div 16 =$

31 $58 \div 4 =$

32 $65 \div 26 =$

33 $77 \div 14 =$

34 $76 \div 16 =$

35 $84 \div 24 =$

36 $92 \div 5 =$

● 계산해 보세요.

1

$2 \overline{)0.34}$

2

$3 \overline{)0.36}$

3

$21 \overline{)0.84}$

4

$8 \overline{)1.12}$

5

$8 \overline{)1.52}$

6

$5 \overline{)1.6}$

7

$6 \overline{)6.48}$

8

$11 \overline{)7.92}$

9

$2 \overline{)8.7}$

10

$3 \overline{)9.63}$

11 $12.4 \div 8 =$

17 $30.5 \div 5 =$

12 $12.84 \div 4 =$

18 $31.5 \div 15 =$

13 $14.42 \div 7 =$

19 $32.24 \div 8 =$

14 $19 \div 5 =$

20 $34.2 \div 6 =$

15 $22.5 \div 18 =$

21 $46 \div 4 =$

16 $25 \div 4 =$

22 $66 \div 8 =$

>> 다른 그림 8곳을 찾아보세요.

소수의
나눗셈(2)

이렇게 계산해요

1.2÷0.2의 계산

$$1.2 \qquad 0.2$$
10배↓ ↓10배
$$12 \div 2 = 6$$
몫이 같아요.
$$\rightarrow 1.2 \div 0.2 = 6$$

● ☐ 안에 알맞은 수를 써넣으세요.

1 1.6÷0.4
10배↓ ↓10배
16 ÷ 4 = ☐
→ 1.6÷0.4 = ☐

4 8.4÷1.2
☐배↓ ↓☐배
84 ÷ 12 = ☐
→ 8.4÷1.2 = ☐

2 3.2÷0.8
10배↓ ↓10배
32 ÷ 8 = ☐
→ 3.2÷0.8 = ☐

5 14.4÷0.9
☐배↓ ↓☐배
144 ÷ 9 = ☐
→ 14.4÷0.9 = ☐

3 6.5÷1.3
☐배↓ ↓☐배
65 ÷ 13 = ☐
→ 6.5÷1.3 = ☐

6 16.2÷0.6
☐배↓ ↓☐배
162 ÷ 6 = ☐
→ 16.2÷0.6 = ☐

7   1.02 ÷ 0.06

100배↓   ↓100배

102 ÷ 6 = ☐

→ 1.02 ÷ 0.06 = ☐

8   1.26 ÷ 0.07

100배↓   ↓100배

126 ÷ 7 = ☐

→ 1.26 ÷ 0.07 = ☐

9   1.38 ÷ 0.03

☐배↓   ↓☐배

138 ÷ 3 = ☐

→ 1.38 ÷ 0.03 = ☐

10   1.54 ÷ 0.02

☐배↓   ↓☐배

154 ÷ 2 = ☐

→ 1.54 ÷ 0.02 = ☐

11   1.92 ÷ 0.08

☐배↓   ↓☐배

192 ÷ 8 = ☐

→ 1.92 ÷ 0.08 = ☐

12   2.05 ÷ 0.41

☐배↓   ↓☐배

205 ÷ 41 = ☐

→ 2.05 ÷ 0.41 = ☐

13   2.08 ÷ 0.13

☐배↓   ↓☐배

208 ÷ 13 = ☐

→ 2.08 ÷ 0.13 = ☐

14   3.15 ÷ 0.03

☐배↓   ↓☐배

315 ÷ 3 = ☐

→ 3.15 ÷ 0.03 = ☐

15   4.06 ÷ 0.14

☐배↓   ↓☐배

406 ÷ 14 = ☐

→ 4.06 ÷ 0.14 = ☐

16   4.08 ÷ 0.68

☐배↓   ↓☐배

408 ÷ 68 = ☐

→ 4.08 ÷ 0.68 = ☐

4

17　　54 ÷ 6 = ☐

→ 5.4 ÷ 0.6 = ☐

18　　66 ÷ 3 = ☐

→ 6.6 ÷ 0.3 = ☐

19　　84 ÷ 21 = ☐

→ 8.4 ÷ 2.1 = ☐

20　　92 ÷ 46 = ☐

→ 9.2 ÷ 4.6 = ☐

21　　98 ÷ 7 = ☐

→ 9.8 ÷ 0.7 = ☐

22　　105 ÷ 5 = ☐

→ 10.5 ÷ 0.5 = ☐

23　　114 ÷ 6 = ☐

→ 11.4 ÷ 0.6 = ☐

24　　192 ÷ 12 = ☐

→ 19.2 ÷ 1.2 = ☐

25　　213 ÷ 3 = ☐

→ 21.3 ÷ 0.3 = ☐

26　　252 ÷ 28 = ☐

→ 25.2 ÷ 2.8 = ☐

27　　434 ÷ 14 = ☐

→ 43.4 ÷ 1.4 = ☐

28　　451 ÷ 11 = ☐

→ 45.1 ÷ 1.1 = ☐

29 $117 \div 3 =$ ☐

→ $1.17 \div 0.03 =$ ☐

35 $357 \div 7 =$ ☐

→ $3.57 \div 0.07 =$ ☐

30 $135 \div 5 =$ ☐

→ $1.35 \div 0.05 =$ ☐

36 $405 \div 5 =$ ☐

→ $4.05 \div 0.05 =$ ☐

31 $164 \div 2 =$ ☐

→ $1.64 \div 0.02 =$ ☐

37 $416 \div 52 =$ ☐

→ $4.16 \div 0.52 =$ ☐

32 $175 \div 25 =$ ☐

→ $1.75 \div 0.25 =$ ☐

38 $535 \div 5 =$ ☐

→ $5.35 \div 0.05 =$ ☐

33 $216 \div 6 =$ ☐

→ $2.16 \div 0.06 =$ ☐

39 $567 \div 7 =$ ☐

→ $5.67 \div 0.07 =$ ☐

34 $221 \div 17 =$ ☐

→ $2.21 \div 0.17 =$ ☐

40 $570 \div 6 =$ ☐

→ $5.7 \div 0.06 =$ ☐

DAY 24 (소수 한 자리 수)÷(소수 한 자리 수)

이렇게 계산해요

1.6÷0.2의 계산

소수점을 오른쪽으로 똑같이 옮겨요.

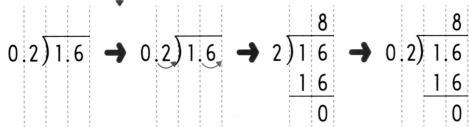

●계산해 보세요.

1

$$0.2\overline{)0.8}$$

2

$$0.3\overline{)0.9}$$

3

$$0.5\overline{)1.5}$$

4

$$0.6\overline{)2.4}$$

5

$$0.8\overline{)4.8}$$

6

$$0.9\overline{)7.2}$$

7

$$0.4 \overline{)13.2}$$

10

$$0.8 \overline{)36.8}$$

8

$$1.6 \overline{)19.2}$$

11

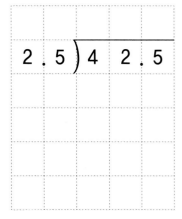

9

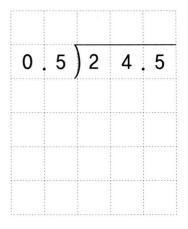

12

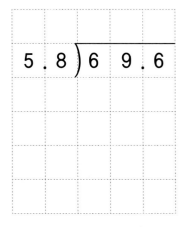

13

$0.2 \overline{)0.4}$

14

$0.3 \overline{)1.5}$

15

$0.4 \overline{)2.8}$

16

$0.5 \overline{)3.5}$

17

$0.6 \overline{)3.6}$

18

$0.7 \overline{)4.9}$

19

$0.9 \overline{)5.4}$

20

$0.7 \overline{)6.3}$

21

$0.8 \overline{)7.2}$

22

$0.6 \overline{)1 3.8}$

23

$0.3 \overline{)1 4.1}$

24

$1.4 \overline{)1 5.4}$

25 $17.6 \div 1.6 =$

26 $20.4 \div 1.7 =$

27 $21.6 \div 0.9 =$

28 $23.6 \div 0.4 =$

29 $27.2 \div 0.8 =$

30 $30.1 \div 0.7 =$

31 $36.8 \div 9.2 =$

32 $44.8 \div 3.2 =$

33 $46.4 \div 5.8 =$

34 $51.3 \div 2.7 =$

35 $54.6 \div 1.3 =$

36 $61.2 \div 3.6 =$

37 $73.5 \div 2.1 =$

38 $78.4 \div 2.8 =$

이렇게
계산해요

0.15÷0.03의 계산

소수점을 오른쪽으로 똑같이 옮겨요.

$$0.03\overline{)0.15} \rightarrow 0.03\overline{)0.15} \rightarrow 3\overline{)15} \rightarrow 0.03\overline{)0.15}$$

● 계산해 보세요.

1

$$0.21\overline{)0.84}$$

2

$$0.49\overline{)0.98}$$

3

$$0.06\overline{)1.74}$$

4

$$0.04\overline{)1.76}$$

5

$$0.15\overline{)1.95}$$

6

    0 . 2 6) 3 . 1 2

7

    0 . 0 5) 5 . 7 5

8

    0 . 8 2) 6 . 5 6

9

    2 . 4 7) 7 . 4 1

10

    1 . 0 3) 9 . 2 7

11

    0 . 2 4) 1 1 . 0 4

12

    1 . 7 8) 2 4 . 9 2

13

    1 . 3 4) 2 8 . 1 4

4

14

$0.19\overline{)0.57}$

15

$0.23\overline{)0.92}$

16

$0.29\overline{)1.16}$

17

$0.21\overline{)1.68}$

18

$0.16\overline{)2.08}$

19

$0.06\overline{)2.46}$

20

$0.08\overline{)2.72}$

21

$0.09\overline{)3.33}$

22

$1.17\overline{)3.51}$

23

$0.36\overline{)4.32}$

24

$0.04\overline{)4.68}$

25

$0.43\overline{)4.73}$

26 $5.32 \div 1.33 =$

27 $6.58 \div 0.07 =$

28 $6.75 \div 0.45 =$

29 $7.82 \div 0.17 =$

30 $8.28 \div 4.14 =$

31 $9.06 \div 1.51 =$

32 $9.44 \div 1.18 =$

33 $12.52 \div 3.13 =$

34 $13.44 \div 0.64 =$

35 $15.75 \div 1.75 =$

36 $27.17 \div 2.47 =$

37 $33.84 \div 4.23 =$

38 $48.06 \div 1.78 =$

39 $59.67 \div 3.51 =$

(소수 두 자리 수)÷(소수 한 자리 수)

0.24÷0.6의 계산

소수점을 오른쪽으로 한 자리씩 옮겨요.

옮긴 소수점의 위치에 맞추어 소수점을 찍어요.

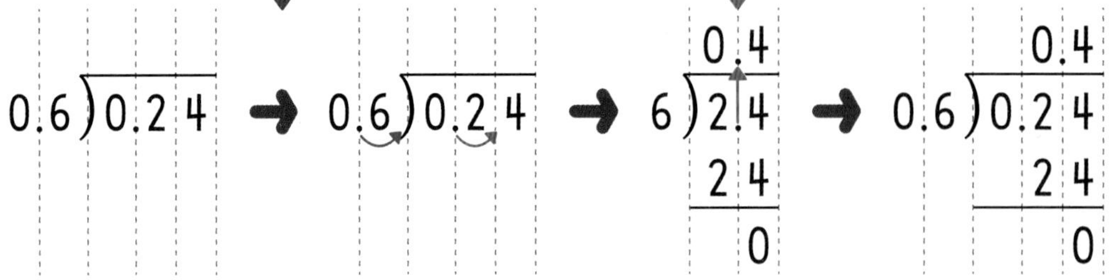

$$0.6\overline{)0.24} \rightarrow 0.6\overline{)0.24} \rightarrow 6\overline{)24} \rightarrow 0.6\overline{)0.24}$$

● 계산해 보세요.

1

$$0.3\overline{)0.27}$$

2

$$0.7\overline{)0.56}$$

3

$$1.4\overline{)1.82}$$

4

$$1.5\overline{)3.75}$$

5

$$0.6\overline{)4.26}$$

6

$$5.6\,)\overline{5.0\ 4}$$

7

$$3.9\,)\overline{5.4\ 6}$$

8

$$1\ 0.2\,)\overline{6.1\ 2}$$

9

$$4.8\,)\overline{6.7\ 2}$$

10

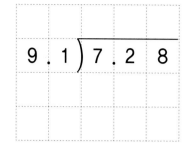

11

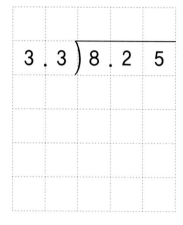

12

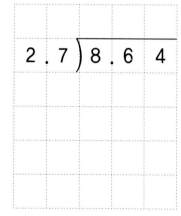

13

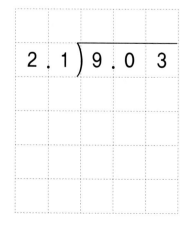

14

$1.4\overline{)0.4\ 2}$

15

$0.5\overline{)0.9\ 5}$

16

$2.1\overline{)1.6\ 8}$

17

$0.5\overline{)1.7\ 5}$

18

$0.3\overline{)2.4\ 6}$

19

$1.7\overline{)2.5\ 5}$

20

$0.4\overline{)2.6\ 8}$

21

$1.2\overline{)3.1\ 2}$

22

$0.9\overline{)3.5\ 1}$

23

$1.3\overline{)3.6\ 4}$

24

$6.2\overline{)4.3\ 4}$

25

$3.1\overline{)4.6\ 5}$

26 $5.52 \div 2.3 =$

27 $6.48 \div 2.4 =$

28 $6.65 \div 1.9 =$

29 $6.67 \div 2.9 =$

30 $7.35 \div 3.5 =$

31 $8.12 \div 1.4 =$

32 $9.43 \div 2.3 =$

33 $10.62 \div 5.9 =$

34 $11.22 \div 3.3 =$

35 $20.72 \div 3.7 =$

36 $26.32 \div 5.6 =$

37 $35.69 \div 8.3 =$

38 $40.42 \div 4.3 =$

39 $57.85 \div 6.5 =$

4

DAY 27 (소수 한 자리 수)÷(소수 두 자리 수)

이렇게 계산해요

0.3÷0.15의 계산

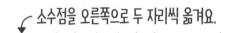

소수점을 오른쪽으로 두 자리씩 옮겨요.

$$0.15\,)\overline{0.3} \rightarrow 0.15\,)\overline{0.30} \rightarrow 15\,)\overline{30} \rightarrow 0.15\,)\overline{0.3}$$

소수점을 옮길 수 없으면 소수의 오른쪽 끝에 0을 써요.

● 계산해 보세요.

1

$$0.25\,)\overline{1.5}$$

2

$$0.32\,)\overline{1.6}$$

3

$$0.15\,)\overline{2.4}$$

4

$$0.17\,)\overline{3.4}$$

5

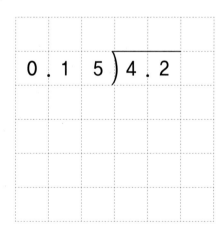

$$0.15\,)\overline{4.2}$$

6

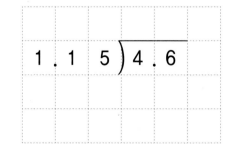

$$1.15\,)\overline{4.6}$$

7

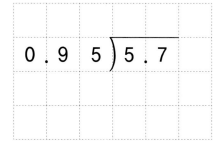

0 . 9 5 ⟌5 . 7

8

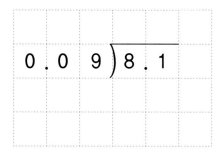

1 . 4 4 ⟌7 . 2

9

0 . 0 9 ⟌8 . 1

10

0 . 8 5 ⟌8 . 5

11

0 . 3 5 ⟌9 . 1

12

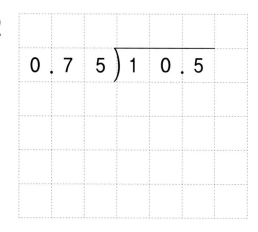

0 . 7 5 ⟌1 0 . 5

13

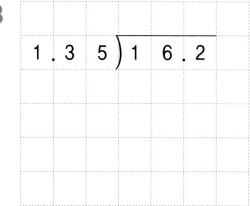

1 . 3 5 ⟌1 6 . 2

14

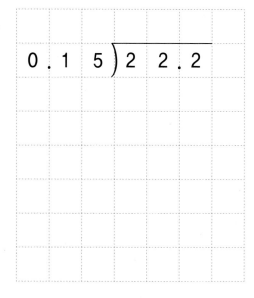

0 . 1 5 ⟌2 2 . 2

4

15

$$0.75 \overline{\smash{)}1.5}$$

16

$$0.14 \overline{\smash{)}2.1}$$

17

$$0.04 \overline{\smash{)}2.6}$$

18

$$0.13 \overline{\smash{)}2.6}$$

19

$$0.06 \overline{\smash{)}3.6}$$

20

$$0.35 \overline{\smash{)}4.2}$$

21

$$1.05 \overline{\smash{)}4.2}$$

22

$$2.15 \overline{\smash{)}4.3}$$

23

$$0.08 \overline{\smash{)}5.2}$$

24

$$0.21 \overline{\smash{)}6.3}$$

25

$$0.08 \overline{\smash{)}7.2}$$

26

$$0.52 \overline{\smash{)}7.8}$$

27 8.5÷4.25=

28 9.2÷1.84=

29 10.8÷0.54=

30 11.6÷0.58=

31 11.7÷0.18=

32 13.2÷1.65=

33 15.5÷0.31=

34 16.5÷2.75=

35 17.5÷1.25=

36 21.5÷0.86=

37 25.2÷0.84=

38 28.8÷0.72=

39 31.5÷5.25=

40 38.4÷1.28=

12÷0.6의 계산

소수점을 오른쪽으로 한 자리씩 옮겨요.

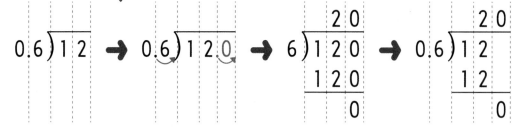

● 계산해 보세요.

1

$$0.5 \overline{)4}$$

2

$$1.2 \overline{)6}$$

3

$$0.3 \overline{)1\ 2}$$

4

$$4.5 \overline{)2\ 7}$$

5

$$0.6 \overline{)3\ 0}$$

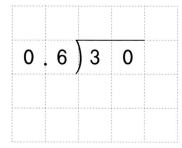

6

$$0.8 \overline{)3\ 6}$$

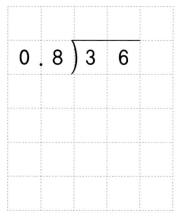

7

$$0.9\,)\overline{4\quad5}$$

8

$$1.5\,)\overline{5\quad7}$$

9

$$5.5\,)\overline{8\quad8}$$

10

$$3.1\,)\overline{9\quad3}$$

11

$$1.8\,)\overline{1\quad0\quad8}$$

12

$$4.5\,)\overline{1\quad4\quad4}$$

13

$$3.5\,)\overline{2\quad2\quad4}$$

14

$$5.2\,)\overline{3\quad3\quad8}$$

15

$0.2\overline{)1}$

16

$0.3\overline{)3}$

17

$2.5\overline{)5}$

18

$1.4\overline{)7}$

19

$1.8\overline{)9}$

20

$0.7\overline{)1\ 4}$

21

$1.5\overline{)2\ 1}$

22

$2.5\overline{)3\ 0}$

23

$1.9\overline{)3\ 8}$

24

$0.6\overline{)4\ 2}$

25

$3.4\overline{)5\ 1}$

26

$3.5\overline{)5\ 6}$

27 $65 \div 2.6 =$

28 $68 \div 3.4 =$

29 $69 \div 2.3 =$

30 $72 \div 4.5 =$

31 $81 \div 0.9 =$

32 $86 \div 4.3 =$

33 $96 \div 2.4 =$

34 $104 \div 2.6 =$

35 $114 \div 7.6 =$

36 $143 \div 6.5 =$

37 $208 \div 2.6 =$

38 $210 \div 3.5 =$

39 $253 \div 5.5 =$

40 $294 \div 8.4 =$

(자연수)÷(소수 두 자리 수)

이렇게
계산해요

6÷0.12의 계산

↙ 소수점을 오른쪽으로 두 자리씩 옮겨요.

$$0.12\overline{)6} \rightarrow 0.12\overline{)600} \rightarrow 12\overline{)600}\ \begin{array}{r}50\\60\\\hline0\end{array} \rightarrow 0.12\overline{)6}\ \begin{array}{r}50\\60\\\hline0\end{array}$$

● 계산해 보세요.

1

$$0.02\overline{)1}$$

2

$$0.15\overline{)9}$$

3

$$1.25\overline{)20}$$

4

$$0.75\overline{)30}$$

5

$$0.66\overline{)33}$$

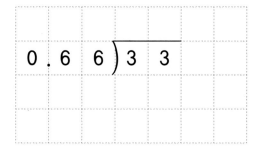

6

$$1.75\overline{)42}$$

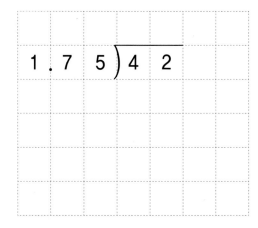

7

$$2.35\,)\overline{4\,7}$$

8

$$1.75\,)\overline{5\,6}$$

9

$$1.18\,)\overline{5\,9}$$

10

$$2.25\,)\overline{6\,3}$$

11

$$1.65\,)\overline{6\,6}$$

12

$$3.25\,)\overline{7\,8}$$

13

$$1.75\,)\overline{8\,4}$$

14

$$1.82\,)\overline{9\,1}$$

4

15

$0.1\ 5\,)\overline{\ 3\ }$

16

$1.2\ 5\,)\overline{\ 5\ }$

17

$0.1\ 4\,)\overline{\ 7\ }$

18

$2.2\ 5\,)\overline{\ 9\ }$

19

$0.1\ 6\,)\overline{\ 1\ 2\ }$

20

$0.7\ 5\,)\overline{\ 1\ 8\ }$

21

$1.0\ 5\,)\overline{\ 2\ 1\ }$

22

$0.7\ 5\,)\overline{\ 2\ 4\ }$

23

$1.2\ 4\,)\overline{\ 3\ 1\ }$

24

$1.3\ 2\,)\overline{\ 3\ 3\ }$

25

$1.7\ 6\,)\overline{\ 4\ 4\ }$

26

$1.1\ 5\,)\overline{\ 4\ 6\ }$

27 $51 \div 2.04 =$

28 $53 \div 1.06 =$

29 $57 \div 1.14 =$

30 $60 \div 1.25 =$

31 $70 \div 1.75 =$

32 $77 \div 1.75 =$

33 $93 \div 1.24 =$

34 $123 \div 2.05 =$

35 $132 \div 2.64 =$

36 $161 \div 6.44 =$

37 $189 \div 2.25 =$

38 $276 \div 3.68 =$

39 $292 \div 3.65 =$

40 $333 \div 9.25 =$

4

4.5÷7의 계산 ➡ 몫을 반올림하여 주어진 자리까지 나타내기

↳ 구하려는 자리 바로 아래의 숫자가

0, 1, 2, 3, 4이면 버리고 5, 6, 7, 8, 9이면 올리기

```
    0. 6 4 2
7 ) 4. 5 0 0
    4 2
      3 0
      2 8
        2 0
        1 4
          6
```

- 몫을 반올림하여 일의 자리까지 나타내기

  소수 첫째 자리 숫자 확인 0.$\underline{6}$…… ➡ 1

- 몫을 반올림하여 소수 첫째 자리까지 나타내기

  소수 둘째 자리 숫자 확인 0.6$\underline{4}$…… ➡ 0.6

- 몫을 반올림하여 소수 둘째 자리까지 나타내기

  소수 셋째 자리 숫자 확인 0.64$\underline{2}$…… ➡ 0.64

● 몫을 반올림하여 주어진 자리까지 나타내어 보세요.

1 5÷3=1.666……

일의 자리까지 ➡ ☐

소수 첫째 자리까지 ➡ ☐

소수 둘째 자리까지 ➡ ☐

2 8.2÷7=1.171……

일의 자리까지 ➡ ☐

소수 첫째 자리까지 ➡ ☐

소수 둘째 자리까지 ➡ ☐

3 9.53÷9=1.058……

일의 자리까지 ➡ ☐

소수 첫째 자리까지 ➡ ☐

소수 둘째 자리까지 ➡ ☐

4 10.3÷1.2=8.583……

일의 자리까지 ➡ ☐

소수 첫째 자리까지 ➡ ☐

소수 둘째 자리까지 ➡ ☐

5 20÷6=3.333……

일의 자리까지 ➡ ☐

소수 첫째 자리까지 ➡ ☐

소수 둘째 자리까지 ➡ ☐

6 25.2÷13=1.938……

일의 자리까지 ➡ ☐

소수 첫째 자리까지 ➡ ☐

소수 둘째 자리까지 ➡ ☐

● 몫을 반올림하여 일의 자리까지 나타내어 보세요.

7 $3\overline{)7}$

→ ( )

8 $9\overline{)9.52}$

→ ( )

9 $6\overline{)16}$

→ ( )

10 $9\overline{)19.34}$

→ ( )

11 $7.1\overline{)21.49}$

→ ( )

12 $13\overline{)23.7}$

→ ( )

13 $1.9\overline{)33.3}$

→ ( )

14 $7\overline{)43}$

→ ( )

15 $10.1\overline{)57.8}$

→ ( )

16 $8\overline{)77}$

→ ( )

4

17 $3 \overline{) 4 . 7}$

→ (   )

18 $8 \overline{) 5}$

→ (   )

19 $6 \overline{) 7 . 7}$

→ (   )

20 $9 \overline{) 1 \ 1}$

→ (   )

21 $7 \overline{) 1 \ 2 . 9}$

→ (   )

22 $6 \overline{) 1 \ 6 . 2 \ 4}$

→ (   )

23 $1 . 9 \overline{) 2 \ 8 . 3}$

→ (   )

24 $6 \overline{) 4 \ 4}$

→ (   )

25 $2 . 3 \overline{) 4 \ 4 . 8}$

→ (   )

26 $5 . 5 \overline{) 5 \ 6 . 5 \ 6}$

→ (   )

● 몫을 반올림하여 소수 둘째 자리까지 나타내어 보세요.

27 $3\,)\,\overline{2\,.\,5}$

→ (   )

28 $9\,)\,\overline{3\,.\,1}$

→ (   )

29 $3\,)\,\overline{4}$

→ (   )

30 $2\,.\,6\,)\,\overline{8\,.\,2}$

→ (   )

31 $2\,.\,6\,)\,\overline{9\,.\,0\,\,8}$

→ (   )

32 $4\,.\,9\,)\,\overline{1\,\,1\,.\,4\,\,5}$

→ (   )

33 $3\,.\,7\,)\,\overline{1\,\,8\,.\,8}$

→ (   )

34 $4\,.\,2\,)\,\overline{2\,\,2\,.\,5}$

→ (   )

35 $9\,)\,\overline{3\,\,2}$

→ (   )

36 $7\,)\,\overline{7\,\,1}$

→ (   )

나누고 남는 수 구하기

30.7÷4의 계산

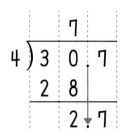

→ 몫: 7, 나머지: 2.7

↳ 나머지의 소수점은 나누어지는 수의 소수점의 위치와 같아요.

● 나눗셈의 몫을 자연수까지 구하고, 나머지를 구해 보세요.

1

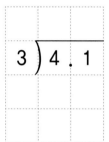

→ 몫: ☐ , 나머지: ☐

3

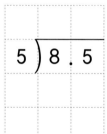

→ 몫: ☐ , 나머지: ☐

2

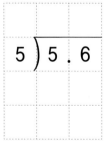

→ 몫: ☐ , 나머지: ☐

4

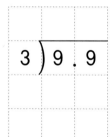

→ 몫: ☐ , 나머지: ☐

5

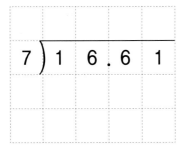

→ 몫: ☐ , 나머지: ☐

8

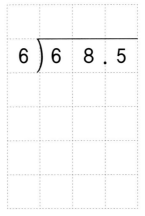

→ 몫: ☐ , 나머지: ☐

6

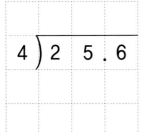

→ 몫: ☐ , 나머지: ☐

9

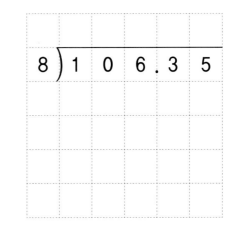

→ 몫: ☐ , 나머지: ☐

7

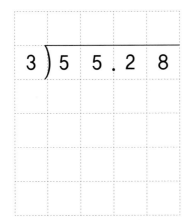

→ 몫: ☐ , 나머지: ☐

10

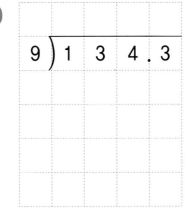

→ 몫: ☐ , 나머지: ☐

11
$$2 \overline{)6.3}$$

→ 몫: ☐ , 나머지: ☐

12
$$2 \overline{)1\,2.3}$$

→ 몫: ☐ , 나머지: ☐

13
$$7 \overline{)1\,2.9}$$

→ 몫: ☐ , 나머지: ☐

14
$$5 \overline{)1\,7.1\,2}$$

→ 몫: ☐ , 나머지: ☐

15
$$4 \overline{)1\,7.5\,4}$$

→ 몫: ☐ , 나머지: ☐

16
$$7 \overline{)2\,6.5\,2}$$

→ 몫: ☐ , 나머지: ☐

17
$$4 \overline{)2\,7.6}$$

→ 몫: ☐ , 나머지: ☐

18
$$7 \overline{)3\,1.7}$$

→ 몫: ☐ , 나머지: ☐

19
$$6 \overline{)3\,3.1}$$

→ 몫: ☐ , 나머지: ☐

20
$$6 \overline{)4\,0.1}$$

→ 몫: ☐ , 나머지: ☐

21 48.23÷3

→ 몫: ☐ , 나머지: ☐

22 57.8÷3

→ 몫: ☐ , 나머지: ☐

23 83.2÷3

→ 몫: ☐ , 나머지: ☐

24 132.5÷6

→ 몫: ☐ , 나머지: ☐

25 138.15÷8

→ 몫: ☐ , 나머지: ☐

26 155.5÷8

→ 몫: ☐ , 나머지: ☐

27 192.6÷5

→ 몫: ☐ , 나머지: ☐

28 232.49÷5

→ 몫: ☐ , 나머지: ☐

29 246.8÷7

→ 몫: ☐ , 나머지: ☐

30 596.7÷4

→ 몫: ☐ , 나머지: ☐

DAY 32 평가

계산해 보세요.

1

$0.04\overline{)0.24}$

2

$0.25\overline{)0.5}$

3

$0.2\overline{)0.6}$

4

$0.7\overline{)1.26}$

5

$0.34\overline{)1.7}$

6

$0.25\overline{)2}$

7

$1.5\overline{)4.5}$

8

$0.63\overline{)5.04}$

9

$2.6\overline{)5.46}$

10

$0.9\overline{)6.3}$

11 $7.65 \div 0.45 =$

12 $8 \div 0.16 =$

13 $11.16 \div 3.1 =$

14 $21 \div 3.5 =$

15 $30 \div 0.5 =$

16 $58 \div 2.9 =$

● 몫을 반올림하여 주어진 자리까지 나타내어 보세요.

17 $73 \div 16$

일의 자리까지 → ☐

18 $4.7 \div 24$

소수 첫째 자리까지 → ☐

19 $8.1 \div 1.4$

소수 둘째 자리까지 → ☐

● 나눗셈의 몫을 자연수까지 구하고, 나머지를 구해 보세요.

20 $3 \overline{)9.3}$

→ 몫: ☐ , 나머지: ☐

21 $5 \overline{)55.5}$

→ 몫: ☐ , 나머지: ☐

>> 다른 그림 8곳을 찾아보세요.

아이와 평생
함께할 습관을
만듭니다.

아이스크림 홈런 2.0
공부를 좋아하는 습관

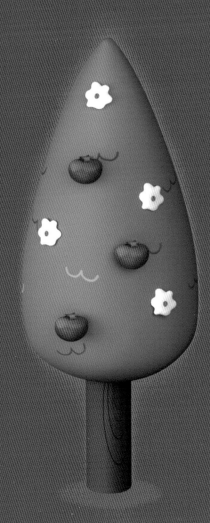

기본을 단단하게
나만의 속도로
무엇보다 재미있게

아이스크림 더연산

정답

초5 ➕ 초6
- 소수의 곱셈
- 소수의 나눗셈

정답

01 DAY (1보다 작은 소수 한 자리 수)×(자연수)

정답 1쪽 | 맞힌 개수: /44

1

0.2×6의 계산

2×6을 이용해요.

$$
\begin{array}{r} 0.2 \\ \times\ 6 \\ \hline \end{array}
\rightarrow
\begin{array}{r} 2 \\ \times\ 6 \\ \hline 1\ 2 \end{array}
\rightarrow
\begin{array}{r} 0.2 \\ \times\ 6 \\ \hline 1.2 \end{array}
$$

곱해지는 수의 소수점 위치와 같아요.

● 계산해 보세요.

1
$$\begin{array}{r} 0.2 \\ \times\ 2 \\ \hline 0.4 \end{array}$$

2
$$\begin{array}{r} 0.2 \\ \times\ 3 \\ \hline 0.6 \end{array}$$

3
$$\begin{array}{r} 0.3 \\ \times\ 4 \\ \hline 1.2 \end{array}$$

4
$$\begin{array}{r} 0.3 \\ \times\ 5 \\ \hline 1.5 \end{array}$$

5
$$\begin{array}{r} 0.4 \\ \times\ 6 \\ \hline 2.4 \end{array}$$

6
$$\begin{array}{r} 0.4 \\ \times\ 8 \\ \hline 3.2 \end{array}$$

7
$$\begin{array}{r} 0.5 \\ \times\ 5 \\ \hline 2.5 \end{array}$$

8
$$\begin{array}{r} 0.5 \\ \times\ 7 \\ \hline 3.5 \end{array}$$

9
$$\begin{array}{r} 0.6 \\ \times\ 4 \\ \hline 2.4 \end{array}$$

10
$$\begin{array}{r} 0.6 \\ \times\ 9 \\ \hline 5.4 \end{array}$$

11
$$\begin{array}{r} 0.7 \\ \times\ 2 \\ \hline 1.4 \end{array}$$

12
$$\begin{array}{r} 0.7 \\ \times\ 7 \\ \hline 4.9 \end{array}$$

13
$$\begin{array}{r} 0.8 \\ \times\ 4 \\ \hline 3.2 \end{array}$$

14
$$\begin{array}{r} 0.8 \\ \times\ 6 \\ \hline 4.8 \end{array}$$

15
$$\begin{array}{r} 0.8 \\ \times\ 1\ 2 \\ \hline 9.6 \end{array}$$

16
$$\begin{array}{r} 0.9 \\ \times\ 3 \\ \hline 2.7 \end{array}$$

17
$$\begin{array}{r} 0.9 \\ \times\ 4 \\ \hline 3.6 \end{array}$$

18
$$\begin{array}{r} 0.9 \\ \times\ 2\ 2 \\ \hline 1\ 9.8 \end{array}$$

정답 1쪽

1

19
$$\begin{array}{r} 0.2 \\ \times\ 4 \\ \hline 0.8 \end{array}$$

20
$$\begin{array}{r} 0.2 \\ \times\ 7 \\ \hline 1.4 \end{array}$$

21
$$\begin{array}{r} 0.2 \\ \times\ 8 \\ \hline 1.6 \end{array}$$

22
$$\begin{array}{r} 0.3 \\ \times\ 3 \\ \hline 0.9 \end{array}$$

23
$$\begin{array}{r} 0.3 \\ \times\ 6 \\ \hline 1.8 \end{array}$$

24
$$\begin{array}{r} 0.3 \\ \times\ 9 \\ \hline 2.7 \end{array}$$

25
$$\begin{array}{r} 0.4 \\ \times\ 2 \\ \hline 0.8 \end{array}$$

26
$$\begin{array}{r} 0.4 \\ \times\ 3 \\ \hline 1.2 \end{array}$$

27
$$\begin{array}{r} 0.4 \\ \times\ 7 \\ \hline 2.8 \end{array}$$

28
$$\begin{array}{r} 0.5 \\ \times\ 3 \\ \hline 1.5 \end{array}$$

29 0.5×9=4.5

30 0.5×13=6.5

31 0.6×2=1.2

32 0.6×3=1.8

33 0.6×6=3.6

34 0.7×3=2.1

35 0.7×5=3.5

36 0.7×8=5.6

37 0.8×2=1.6

38 0.8×3=2.4

39 0.8×8=6.4

40 0.8×11=8.8

41 0.9×2=1.8

42 0.9×5=4.5

43 0.9×9=8.1

44 0.9×21=18.9

정답 · 1

DAY 02 (1보다 큰 소수 한 자리 수)×(자연수)

정답 2쪽 | 맞힌 개수: /44

이렇게 계산해요 1.2×8의 계산

12×8을 이용해요

$$
\begin{array}{r} 1.2 \\ \times\ 8 \\ \hline \end{array}
\rightarrow
\begin{array}{r} 1.2 \\ \times\ 8 \\ \hline 9\,6 \end{array}
\rightarrow
\begin{array}{r} 1.2 \\ \times\ 8 \\ \hline 9.6 \end{array}
$$

곱해지는 수의 소수점 위치와 같아요.

● 계산해 보세요.

1. $\begin{array}{r} 1.1 \\ \times\ 9 \\ \hline 9.9 \end{array}$

2. $\begin{array}{r} 1.3 \\ \times\ 7 \\ \hline 9.1 \end{array}$

3. $\begin{array}{r} 1.4 \\ \times\ 2 \\ \hline 2.8 \end{array}$

4. $\begin{array}{r} 1.7 \\ \times\ 6 \\ \hline 10.2 \end{array}$

5. $\begin{array}{r} 1.9 \\ \times\ 5 \\ \hline 9.5 \end{array}$

6. $\begin{array}{r} 2.1 \\ \times\ 5 \\ \hline 10.5 \end{array}$

7. $\begin{array}{r} 2.6 \\ \times\ 4 \\ \hline 10.4 \end{array}$

8. $\begin{array}{r} 2.7 \\ \times\ 3 \\ \hline 8.1 \end{array}$

9. $\begin{array}{r} 3.1 \\ \times\ 2 \\ \hline 6.2 \end{array}$

10. $\begin{array}{r} 3.3 \\ \times\ 3 \\ \hline 9.9 \end{array}$

11. $\begin{array}{r} 4.9 \\ \times\ 3 \\ \hline 14.7 \end{array}$

12. $\begin{array}{r} 5.3 \\ \times\ 2 \\ \hline 10.6 \end{array}$

13. $\begin{array}{r} 5.8 \\ \times\ 4 \\ \hline 23.2 \end{array}$

14. $\begin{array}{r} 6.1 \\ \times\ 5 \\ \hline 30.5 \end{array}$

15. $\begin{array}{r} 6.6 \\ \times\ 6 \\ \hline 39.6 \end{array}$

16. $\begin{array}{r} 7.4 \\ \times\ 3 \\ \hline 22.2 \end{array}$

17. $\begin{array}{r} 8.1 \\ \times\ 11 \\ \hline 89.1 \end{array}$

18. $\begin{array}{r} 9.2 \\ \times\ 17 \\ \hline 156.4 \end{array}$

정답 2쪽

19. $\begin{array}{r} 1.2 \\ \times\ 3 \\ \hline 3.6 \end{array}$

20. $\begin{array}{r} 1.6 \\ \times\ 4 \\ \hline 6.4 \end{array}$

21. $\begin{array}{r} 1.8 \\ \times\ 8 \\ \hline 14.4 \end{array}$

22. $\begin{array}{r} 2.4 \\ \times\ 2 \\ \hline 4.8 \end{array}$

23. $\begin{array}{r} 2.9 \\ \times\ 5 \\ \hline 14.5 \end{array}$

24. $\begin{array}{r} 3.2 \\ \times\ 3 \\ \hline 9.6 \end{array}$

25. $\begin{array}{r} 3.6 \\ \times\ 8 \\ \hline 28.8 \end{array}$

26. $\begin{array}{r} 4.2 \\ \times\ 2 \\ \hline 8.4 \end{array}$

27. $\begin{array}{r} 4.5 \\ \times\ 5 \\ \hline 22.5 \end{array}$

28. $\begin{array}{r} 4.7 \\ \times\ 4 \\ \hline 18.8 \end{array}$

29. $5.1×4=20.4$

30. $5.5×5=27.5$

31. $5.9×2=11.8$

32. $6.2×3=18.6$

33. $6.4×4=25.6$

34. $6.9×9=62.1$

35. $7.3×3=21.9$

36. $7.5×2=15$

37. $7.7×7=53.9$

38. $8.1×4=32.4$

39. $8.6×4=34.4$

40. $8.9×3=26.7$

41. $9.4×2=18.8$

42. $9.5×4=38$

43. $9.6×26=249.6$

44. $9.9×19=188.1$

03 (1보다 작은 소수 두 자리 수)×(자연수)

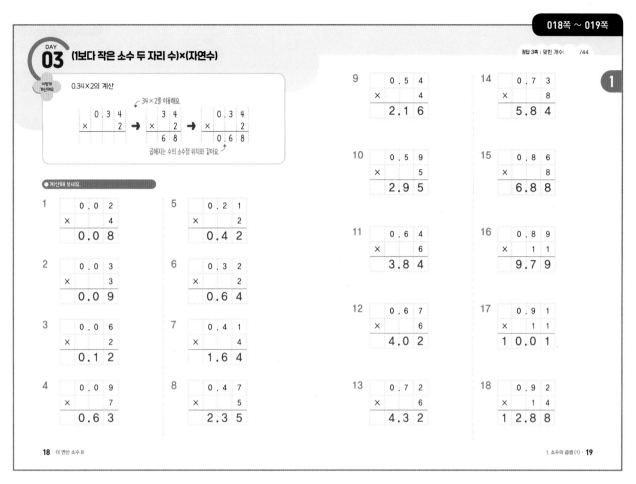

0.34×2의 계산

34×2를 이용해요.

$$0.34 \times 2 \rightarrow 34 \times 2 = 68 \rightarrow 0.34 \times 2 = 0.68$$

곱해지는 수의 소수점 위치와 같아요.

● 계산해 보세요.

1
$$\begin{array}{r} 0.02 \\ \times \quad 4 \\ \hline 0.08 \end{array}$$

2
$$\begin{array}{r} 0.03 \\ \times \quad 3 \\ \hline 0.09 \end{array}$$

3
$$\begin{array}{r} 0.06 \\ \times \quad 2 \\ \hline 0.12 \end{array}$$

4
$$\begin{array}{r} 0.09 \\ \times \quad 7 \\ \hline 0.63 \end{array}$$

5
$$\begin{array}{r} 0.21 \\ \times \quad 2 \\ \hline 0.42 \end{array}$$

6
$$\begin{array}{r} 0.32 \\ \times \quad 2 \\ \hline 0.64 \end{array}$$

7
$$\begin{array}{r} 0.41 \\ \times \quad 4 \\ \hline 1.64 \end{array}$$

8
$$\begin{array}{r} 0.47 \\ \times \quad 5 \\ \hline 2.35 \end{array}$$

9
$$\begin{array}{r} 0.54 \\ \times \quad 4 \\ \hline 2.16 \end{array}$$

10
$$\begin{array}{r} 0.59 \\ \times \quad 5 \\ \hline 2.95 \end{array}$$

11
$$\begin{array}{r} 0.64 \\ \times \quad 6 \\ \hline 3.84 \end{array}$$

12
$$\begin{array}{r} 0.67 \\ \times \quad 6 \\ \hline 4.02 \end{array}$$

13
$$\begin{array}{r} 0.72 \\ \times \quad 6 \\ \hline 4.32 \end{array}$$

14
$$\begin{array}{r} 0.73 \\ \times \quad 8 \\ \hline 5.84 \end{array}$$

15
$$\begin{array}{r} 0.86 \\ \times \quad 8 \\ \hline 6.88 \end{array}$$

16
$$\begin{array}{r} 0.89 \\ \times \quad 11 \\ \hline 9.79 \end{array}$$

17
$$\begin{array}{r} 0.91 \\ \times \quad 11 \\ \hline 10.01 \end{array}$$

18
$$\begin{array}{r} 0.92 \\ \times \quad 14 \\ \hline 12.88 \end{array}$$

19
$$\begin{array}{r} 0.04 \\ \times \quad 9 \\ \hline 0.36 \end{array}$$

20
$$\begin{array}{r} 0.05 \\ \times \quad 6 \\ \hline 0.3 \end{array}$$

21
$$\begin{array}{r} 0.07 \\ \times \quad 6 \\ \hline 0.42 \end{array}$$

22
$$\begin{array}{r} 0.08 \\ \times \quad 4 \\ \hline 0.32 \end{array}$$

23
$$\begin{array}{r} 0.11 \\ \times \quad 8 \\ \hline 0.88 \end{array}$$

24
$$\begin{array}{r} 0.12 \\ \times \quad 4 \\ \hline 0.48 \end{array}$$

25
$$\begin{array}{r} 0.23 \\ \times \quad 3 \\ \hline 0.69 \end{array}$$

26
$$\begin{array}{r} 0.26 \\ \times \quad 9 \\ \hline 2.34 \end{array}$$

27
$$\begin{array}{r} 0.33 \\ \times \quad 3 \\ \hline 0.99 \end{array}$$

28
$$\begin{array}{r} 0.38 \\ \times \quad 5 \\ \hline 1.9 \end{array}$$

29 0.44×3=1.32

30 0.46×7=3.22

31 0.51×3=1.53

32 0.54×11=5.94

33 0.58×4=2.32

34 0.61×3=1.83

35 0.62×8=4.96

36 0.71×2=1.42

37 0.74×17=12.58

38 0.77×6=4.62

39 0.82×13=10.66

40 0.83×3=2.49

41 0.88×7=6.16

42 0.92×11=10.12

43 0.93×5=4.65

44 0.96×9=8.64

정답

DAY 04 (1보다 큰 소수 두 자리 수)×(자연수)

정답 4쪽 | 맞힌 개수: /44

이렇게 계산해요

1.27×4의 계산

127×4를 이용해요.

$$
\begin{array}{r}
1.27 \\
\times \quad 4 \\
\hline
\end{array}
\rightarrow
\begin{array}{r}
1.27 \\
\times \quad 4 \\
\hline
508 \\
\end{array}
\rightarrow
\begin{array}{r}
1.27 \\
\times \quad 4 \\
\hline
5.08 \\
\end{array}
$$

곱해지는 수의 소수점 위치와 같아요.

● 계산해 보세요.

1.
$$\begin{array}{r} 1.11 \\ \times \quad 5 \\ \hline 5.55 \end{array}$$

2.
$$\begin{array}{r} 1.14 \\ \times \quad 2 \\ \hline 2.28 \end{array}$$

3.
$$\begin{array}{r} 1.22 \\ \times \quad 3 \\ \hline 3.66 \end{array}$$

4.
$$\begin{array}{r} 1.31 \\ \times \quad 3 \\ \hline 3.93 \end{array}$$

5.
$$\begin{array}{r} 2.38 \\ \times \quad 5 \\ \hline 11.9 \end{array}$$

6.
$$\begin{array}{r} 2.59 \\ \times \quad 2 \\ \hline 5.18 \end{array}$$

7.
$$\begin{array}{r} 2.67 \\ \times \quad 8 \\ \hline 21.36 \end{array}$$

8.
$$\begin{array}{r} 2.89 \\ \times \quad 9 \\ \hline 26.01 \end{array}$$

9.
$$\begin{array}{r} 3.17 \\ \times \quad 7 \\ \hline 22.19 \end{array}$$

10.
$$\begin{array}{r} 3.32 \\ \times \quad 9 \\ \hline 29.88 \end{array}$$

11.
$$\begin{array}{r} 3.56 \\ \times \quad 6 \\ \hline 21.36 \end{array}$$

12.
$$\begin{array}{r} 4.44 \\ \times \quad 2 \\ \hline 8.88 \end{array}$$

13.
$$\begin{array}{r} 4.59 \\ \times \quad 7 \\ \hline 32.13 \end{array}$$

14.
$$\begin{array}{r} 5.13 \\ \times \quad 8 \\ \hline 41.04 \end{array}$$

15.
$$\begin{array}{r} 6.14 \\ \times \quad 5 \\ \hline 30.7 \end{array}$$

16.
$$\begin{array}{r} 6.22 \\ \times \quad 7 \\ \hline 43.54 \end{array}$$

17.
$$\begin{array}{r} 7.21 \\ \times \quad 6 \\ \hline 43.26 \end{array}$$

18.
$$\begin{array}{r} 9.27 \\ \times \quad 5 \\ \hline 46.35 \end{array}$$

정답 4쪽

19.
$$\begin{array}{r} 2.15 \\ \times \quad 7 \\ \hline 15.05 \end{array}$$

20.
$$\begin{array}{r} 2.57 \\ \times \quad 8 \\ \hline 20.56 \end{array}$$

21.
$$\begin{array}{r} 2.97 \\ \times \quad 6 \\ \hline 17.82 \end{array}$$

22.
$$\begin{array}{r} 3.15 \\ \times \quad 9 \\ \hline 28.35 \end{array}$$

23.
$$\begin{array}{r} 3.24 \\ \times \quad 2 \\ \hline 6.48 \end{array}$$

24.
$$\begin{array}{r} 3.69 \\ \times \quad 4 \\ \hline 14.76 \end{array}$$

25.
$$\begin{array}{r} 3.71 \\ \times \quad 5 \\ \hline 18.55 \end{array}$$

26.
$$\begin{array}{r} 4.12 \\ \times \quad 9 \\ \hline 37.08 \end{array}$$

27.
$$\begin{array}{r} 4.13 \\ \times \quad 14 \\ \hline 57.82 \end{array}$$

28.
$$\begin{array}{r} 4.34 \\ \times \quad 25 \\ \hline 108.5 \end{array}$$

29. $5.13 \times 4 = 20.52$

30. $5.22 \times 6 = 31.32$

31. $5.67 \times 8 = 45.36$

32. $6.18 \times 2 = 12.36$

33. $6.31 \times 7 = 44.17$

34. $6.42 \times 5 = 32.1$

35. $6.68 \times 3 = 20.04$

36. $7.14 \times 6 = 42.84$

37. $7.24 \times 4 = 28.96$

38. $7.55 \times 5 = 37.75$

39. $8.15 \times 3 = 24.45$

40. $8.28 \times 2 = 16.56$

41. $8.54 \times 11 = 93.94$

42. $9.15 \times 7 = 64.05$

43. $9.22 \times 19 = 175.18$

44. $9.63 \times 22 = 211.86$

05 DAY (자연수)×(1보다 작은 소수 한 자리 수)

정답 5쪽 | 맞힌 개수: /44

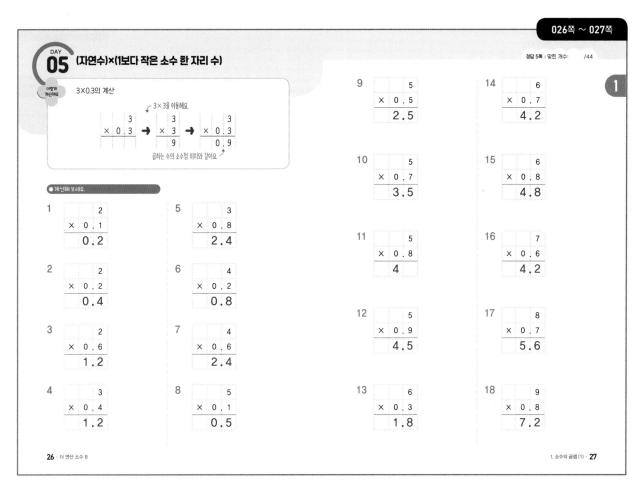

3×0.3의 계산

3×3을 이용해요.

$$\begin{array}{r} 3 \\ \times\ 0.3 \\ \hline \end{array} \rightarrow \begin{array}{r} 3 \\ \times\ 3 \\ \hline 9 \end{array} \rightarrow \begin{array}{r} 3 \\ \times\ 0.3 \\ \hline 0.9 \end{array}$$

곱하는 수의 소수점 위치와 같아요.

● 계산해 보세요.

1 $\begin{array}{r} 2 \\ \times\ 0.1 \\ \hline 0.2 \end{array}$

2 $\begin{array}{r} 2 \\ \times\ 0.2 \\ \hline 0.4 \end{array}$

3 $\begin{array}{r} 2 \\ \times\ 0.6 \\ \hline 1.2 \end{array}$

4 $\begin{array}{r} 3 \\ \times\ 0.4 \\ \hline 1.2 \end{array}$

5 $\begin{array}{r} 3 \\ \times\ 0.8 \\ \hline 2.4 \end{array}$

6 $\begin{array}{r} 4 \\ \times\ 0.2 \\ \hline 0.8 \end{array}$

7 $\begin{array}{r} 4 \\ \times\ 0.6 \\ \hline 2.4 \end{array}$

8 $\begin{array}{r} 5 \\ \times\ 0.1 \\ \hline 0.5 \end{array}$

9 $\begin{array}{r} 5 \\ \times\ 0.5 \\ \hline 2.5 \end{array}$

10 $\begin{array}{r} 5 \\ \times\ 0.7 \\ \hline 3.5 \end{array}$

11 $\begin{array}{r} 5 \\ \times\ 0.8 \\ \hline 4 \end{array}$

12 $\begin{array}{r} 5 \\ \times\ 0.9 \\ \hline 4.5 \end{array}$

13 $\begin{array}{r} 6 \\ \times\ 0.3 \\ \hline 1.8 \end{array}$

14 $\begin{array}{r} 6 \\ \times\ 0.7 \\ \hline 4.2 \end{array}$

15 $\begin{array}{r} 6 \\ \times\ 0.8 \\ \hline 4.8 \end{array}$

16 $\begin{array}{r} 7 \\ \times\ 0.6 \\ \hline 4.2 \end{array}$

17 $\begin{array}{r} 8 \\ \times\ 0.7 \\ \hline 5.6 \end{array}$

18 $\begin{array}{r} 9 \\ \times\ 0.8 \\ \hline 7.2 \end{array}$

정답 5쪽

19 $\begin{array}{r} 2 \\ \times\ 0.3 \\ \hline 0.6 \end{array}$

20 $\begin{array}{r} 2 \\ \times\ 0.8 \\ \hline 1.6 \end{array}$

21 $\begin{array}{r} 2 \\ \times\ 0.9 \\ \hline 1.8 \end{array}$

22 $\begin{array}{r} 3 \\ \times\ 0.1 \\ \hline 0.3 \end{array}$

23 $\begin{array}{r} 3 \\ \times\ 0.5 \\ \hline 1.5 \end{array}$

24 $\begin{array}{r} 3 \\ \times\ 0.7 \\ \hline 2.1 \end{array}$

25 $\begin{array}{r} 4 \\ \times\ 0.3 \\ \hline 1.2 \end{array}$

26 $\begin{array}{r} 4 \\ \times\ 0.7 \\ \hline 2.8 \end{array}$

27 $\begin{array}{r} 4 \\ \times\ 0.8 \\ \hline 3.2 \end{array}$

28 $\begin{array}{r} 5 \\ \times\ 0.3 \\ \hline 1.5 \end{array}$

29 $5 \times 0.4 = 2$

30 $5 \times 0.6 = 3$

31 $6 \times 0.1 = 0.6$

32 $6 \times 0.2 = 1.2$

33 $6 \times 0.6 = 3.6$

34 $7 \times 0.3 = 2.1$

35 $7 \times 0.4 = 2.8$

36 $7 \times 0.9 = 6.3$

37 $8 \times 0.1 = 0.8$

38 $8 \times 0.5 = 4$

39 $8 \times 0.9 = 7.2$

40 $9 \times 0.3 = 2.7$

41 $9 \times 0.5 = 4.5$

42 $9 \times 0.9 = 8.1$

43 $12 \times 0.3 = 3.6$

44 $13 \times 0.1 = 1.3$

DAY 06 (자연수)×(1보다 큰 소수 한 자리 수)

정답 6쪽 | 맞힌 개수: /44

이렇게 계산해요

4×1.2의 계산

4×12를 이용해요

$$\begin{array}{r} 4 \\ \times\ 1\ 2 \\ \hline \end{array} \rightarrow \begin{array}{r} 4 \\ \times\ 1\ 2 \\ \hline 4\ 8 \end{array} \rightarrow \begin{array}{r} 4 \\ \times\ 1\ .\ 2 \\ \hline 4\ .\ 8 \end{array}$$

곱하는 수의 소수점 위치와 같아요

● 계산해 보세요.

1
$$\begin{array}{r} 2 \\ \times\ 1\ .\ 6 \\ \hline 3\ .\ 2 \end{array}$$

2
$$\begin{array}{r} 2 \\ \times\ 2\ .\ 3 \\ \hline 4\ .\ 6 \end{array}$$

3
$$\begin{array}{r} 2 \\ \times\ 3\ .\ 8 \\ \hline 7\ .\ 6 \end{array}$$

4
$$\begin{array}{r} 3 \\ \times\ 1\ .\ 3 \\ \hline 3\ .\ 9 \end{array}$$

5
$$\begin{array}{r} 3 \\ \times\ 3\ .\ 4 \\ \hline 1\ 0\ .\ 2 \end{array}$$

6
$$\begin{array}{r} 3 \\ \times\ 5\ .\ 2 \\ \hline 1\ 5\ .\ 6 \end{array}$$

7
$$\begin{array}{r} 4 \\ \times\ 1\ .\ 4 \\ \hline 5\ .\ 6 \end{array}$$

8
$$\begin{array}{r} 4 \\ \times\ 2\ .\ 4 \\ \hline 9\ .\ 6 \end{array}$$

9
$$\begin{array}{r} 4 \\ \times\ 4\ .\ 2 \\ \hline 1\ 6\ .\ 8 \end{array}$$

10
$$\begin{array}{r} 5 \\ \times\ 1\ .\ 4 \\ \hline 7 \end{array}$$

11
$$\begin{array}{r} 5 \\ \times\ 3\ .\ 3 \\ \hline 1\ 6\ .\ 5 \end{array}$$

12
$$\begin{array}{r} 6 \\ \times\ 3\ .\ 3 \\ \hline 1\ 9\ .\ 8 \end{array}$$

13
$$\begin{array}{r} 6 \\ \times\ 6\ .\ 2 \\ \hline 3\ 7\ .\ 2 \end{array}$$

14
$$\begin{array}{r} 7 \\ \times\ 1\ .\ 1 \\ \hline 7\ .\ 7 \end{array}$$

15
$$\begin{array}{r} 7 \\ \times\ 3\ .\ 9 \\ \hline 2\ 7\ .\ 3 \end{array}$$

16
$$\begin{array}{r} 8 \\ \times\ 2\ .\ 6 \\ \hline 2\ 0\ .\ 8 \end{array}$$

17
$$\begin{array}{r} 9 \\ \times\ 3\ .\ 2 \\ \hline 2\ 8\ .\ 8 \end{array}$$

18
$$\begin{array}{r} 1\ 6 \\ \times\ 2\ .\ 4 \\ \hline 3\ 8\ .\ 4 \end{array}$$

1

19
$$\begin{array}{r} 2 \\ \times\ 1\ .\ 8 \\ \hline 3\ .\ 6 \end{array}$$

20
$$\begin{array}{r} 2 \\ \times\ 3\ .\ 3 \\ \hline 6\ .\ 6 \end{array}$$

21
$$\begin{array}{r} 2 \\ \times\ 5\ .\ 4 \\ \hline 1\ 0\ .\ 8 \end{array}$$

22
$$\begin{array}{r} 3 \\ \times\ 2\ .\ 3 \\ \hline 6\ .\ 9 \end{array}$$

23
$$\begin{array}{r} 3 \\ \times\ 4\ .\ 4 \\ \hline 1\ 3\ .\ 2 \end{array}$$

24
$$\begin{array}{r} 3 \\ \times\ 6\ .\ 6 \\ \hline 1\ 9\ .\ 8 \end{array}$$

25
$$\begin{array}{r} 4 \\ \times\ 1\ .\ 9 \\ \hline 7\ .\ 6 \end{array}$$

26
$$\begin{array}{r} 4 \\ \times\ 4\ .\ 3 \\ \hline 1\ 7\ .\ 2 \end{array}$$

27
$$\begin{array}{r} 4 \\ \times\ 7\ .\ 2 \\ \hline 2\ 8\ .\ 8 \end{array}$$

28
$$\begin{array}{r} 5 \\ \times\ 2\ .\ 3 \\ \hline 1\ 1\ .\ 5 \end{array}$$

29 $5 \times 2.4 = 12$

30 $5 \times 4.7 = 23.5$

31 $6 \times 2.6 = 15.6$

32 $6 \times 5.3 = 31.8$

33 $6 \times 7.2 = 43.2$

34 $7 \times 2.8 = 19.6$

35 $7 \times 4.1 = 28.7$

36 $7 \times 5.7 = 39.9$

37 $8 \times 1.1 = 8.8$

38 $8 \times 3.3 = 26.4$

39 $8 \times 4.8 = 38.4$

40 $9 \times 1.3 = 11.7$

41 $9 \times 4.4 = 39.6$

42 $9 \times 9.9 = 89.1$

43 $12 \times 6.6 = 79.2$

44 $31 \times 2.2 = 68.2$

1

DAY 07 (자연수)×(1보다 작은 소수 두 자리 수)

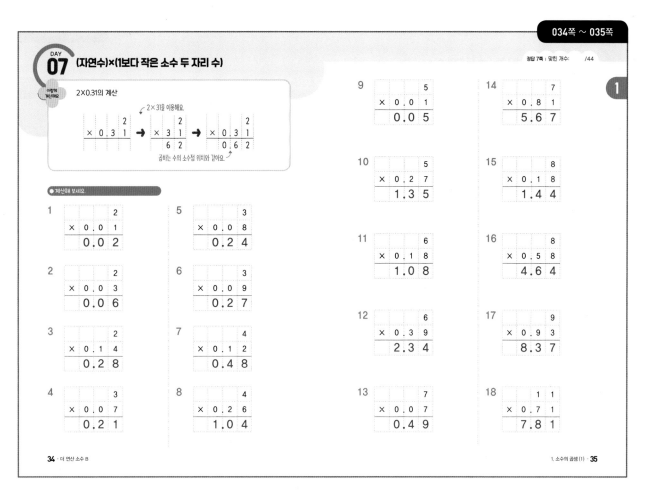

2×0.31의 계산

2×31을 이용해요.

곱하는 수의 소수점 위치와 같아요.

● 계산해 보세요.

1
```
        2
×  0 . 0 1
   0 . 0 2
```

2
```
        2
×  0 . 0 3
   0 . 0 6
```

3
```
        2
×  0 . 1 4
   0 . 2 8
```

4
```
        3
×  0 . 0 7
   0 . 2 1
```

5
```
        3
×  0 . 0 8
   0 . 2 4
```

6
```
        3
×  0 . 0 9
   0 . 2 7
```

7
```
        4
×  0 . 1 2
   0 . 4 8
```

8
```
        4
×  0 . 2 6
   1 . 0 4
```

9
```
        5
×  0 . 0 1
   0 . 0 5
```

10
```
        5
×  0 . 2 7
   1 . 3 5
```

11
```
        6
×  0 . 1 8
   1 . 0 8
```

12
```
        6
×  0 . 3 9
   2 . 3 4
```

13
```
        7
×  0 . 0 7
   0 . 4 9
```

14
```
        7
×  0 . 8 1
   5 . 6 7
```

15
```
        8
×  0 . 1 8
   1 . 4 4
```

16
```
        8
×  0 . 5 8
   4 . 6 4
```

17
```
        9
×  0 . 9 3
   8 . 3 7
```

18
```
      1 1
×  0 . 7 1
   7 . 8 1
```

19
```
        2
×  0 . 0 2
   0 . 0 4
```

20
```
        2
×  0 . 4 3
   0 . 8 6
```

21
```
        2
×  0 . 4 4
   0 . 8 8
```

22
```
        2
×  0 . 7 4
   1 . 4 8
```

23
```
        3
×  0 . 0 3
   0 . 0 9
```

24
```
        3
×  0 . 2 2
   0 . 6 6
```

25
```
        3
×  0 . 8 1
   2 . 4 3
```

26
```
        3
×  0 . 9 2
   2 . 7 6
```

27
```
        4
×  0 . 4 2
   1 . 6 8
```

28
```
        4
×  0 . 5 1
   2 . 0 4
```

29 4×0.92=3.68

30 5×0.63=3.15

31 5×0.65=3.25

32 6×0.42=2.52

33 6×0.88=5.28

34 7×0.15=1.05

35 7×0.41=2.87

36 8×0.05=0.4

37 8×0.11=0.88

38 9×0.01=0.09

39 9×0.11=0.99

40 10×0.12=1.2

41 10×0.15=1.5

42 11×0.27=2.97

43 11×0.31=3.41

44 12×0.26=3.12

정답

DAY 08 (자연수)×(1보다 큰 소수 두 자리 수)

정답 8쪽 | 맞힌 개수: /44

어떻게 계산해요

4×2.27의 계산

4×227을 이용해요

$$
\begin{array}{r} 4 \\ \times\ 2.27 \\ \hline \end{array}
\Rightarrow
\begin{array}{r} 4 \\ \times\ 227 \\ \hline 908 \end{array}
\Rightarrow
\begin{array}{r} 4 \\ \times\ 2.27 \\ \hline 9.08 \end{array}
$$

곱하는 수의 소수점 위치와 같아요.

● 계산해 보세요.

1
$$\begin{array}{r} 2 \\ \times\ 1.19 \\ \hline 2.38 \end{array}$$

2
$$\begin{array}{r} 2 \\ \times\ 3.47 \\ \hline 6.94 \end{array}$$

3
$$\begin{array}{r} 3 \\ \times\ 1.56 \\ \hline 4.68 \end{array}$$

4
$$\begin{array}{r} 3 \\ \times\ 4.34 \\ \hline 13.02 \end{array}$$

5
$$\begin{array}{r} 4 \\ \times\ 2.34 \\ \hline 9.36 \end{array}$$

6
$$\begin{array}{r} 4 \\ \times\ 3.83 \\ \hline 15.32 \end{array}$$

7
$$\begin{array}{r} 5 \\ \times\ 1.66 \\ \hline 8.3 \end{array}$$

8
$$\begin{array}{r} 5 \\ \times\ 2.18 \\ \hline 10.9 \end{array}$$

9
$$\begin{array}{r} 6 \\ \times\ 1.27 \\ \hline 7.62 \end{array}$$

10
$$\begin{array}{r} 6 \\ \times\ 3.32 \\ \hline 19.92 \end{array}$$

11
$$\begin{array}{r} 7 \\ \times\ 1.24 \\ \hline 8.68 \end{array}$$

12
$$\begin{array}{r} 7 \\ \times\ 2.95 \\ \hline 20.65 \end{array}$$

13
$$\begin{array}{r} 8 \\ \times\ 1.49 \\ \hline 11.92 \end{array}$$

14
$$\begin{array}{r} 8 \\ \times\ 3.22 \\ \hline 25.76 \end{array}$$

15
$$\begin{array}{r} 9 \\ \times\ 1.44 \\ \hline 12.96 \end{array}$$

16
$$\begin{array}{r} 9 \\ \times\ 2.33 \\ \hline 20.97 \end{array}$$

17
$$\begin{array}{r} 9 \\ \times\ 5.86 \\ \hline 52.74 \end{array}$$

18
$$\begin{array}{r} 12 \\ \times\ 1.06 \\ \hline 12.72 \end{array}$$

정답 8쪽

19
$$\begin{array}{r} 2 \\ \times\ 1.98 \\ \hline 3.96 \end{array}$$

20
$$\begin{array}{r} 2 \\ \times\ 4.55 \\ \hline 9.1 \end{array}$$

21
$$\begin{array}{r} 3 \\ \times\ 2.64 \\ \hline 7.92 \end{array}$$

22
$$\begin{array}{r} 3 \\ \times\ 3.77 \\ \hline 11.31 \end{array}$$

23
$$\begin{array}{r} 4 \\ \times\ 3.33 \\ \hline 13.32 \end{array}$$

24
$$\begin{array}{r} 4 \\ \times\ 5.49 \\ \hline 21.96 \end{array}$$

25
$$\begin{array}{r} 4 \\ \times\ 5.68 \\ \hline 22.72 \end{array}$$

26
$$\begin{array}{r} 5 \\ \times\ 1.49 \\ \hline 7.45 \end{array}$$

27
$$\begin{array}{r} 5 \\ \times\ 1.72 \\ \hline 8.6 \end{array}$$

28
$$\begin{array}{r} 5 \\ \times\ 3.24 \\ \hline 16.2 \end{array}$$

29 $6 \times 1.59 = 9.54$

30 $6 \times 2.73 = 16.38$

31 $6 \times 5.67 = 34.02$

32 $7 \times 1.37 = 9.59$

33 $7 \times 1.99 = 13.93$

34 $7 \times 4.55 = 31.85$

35 $8 \times 1.36 = 10.88$

36 $8 \times 2.54 = 20.32$

37 $8 \times 4.72 = 37.76$

38 $9 \times 1.96 = 17.64$

39 $9 \times 2.75 = 24.75$

40 $9 \times 3.43 = 30.87$

41 $12 \times 1.57 = 18.84$

42 $14 \times 2.43 = 34.02$

43 $23 \times 3.19 = 73.37$

44 $35 \times 2.18 = 76.3$

DAY 09 평가

1

● 계산해 보세요.

1
```
    0 . 3
×     8
─────────
    2 . 4
```

6
```
        2
×   0 . 4
─────────
    0 . 8
```

2
```
    0 . 1 3
×       3
─────────
    0 . 3 9
```

7
```
        8
×   4 . 7
─────────
  3 7 . 6
```

3
```
    0 . 5 4
×       5
─────────
    2 . 7
```

8
```
    3 . 3 3
×       3
─────────
    9 . 9 9
```

4
```
    1 . 1
×     5
─────────
    5 . 5
```

9
```
        7
×   0 . 5 6
─────────
    3 . 9 2
```

5
```
        3
×   3 . 2 1
─────────
    9 . 6 3
```

10
```
    1 . 3 2
×       2
─────────
    2 . 6 4
```

11 $2.6 \times 6 = 15.6$

12 $0.98 \times 7 = 6.86$

13 $2 \times 2.22 = 4.44$

14 $3.7 \times 3 = 11.1$

15 $6 \times 2.7 = 16.2$

16 $3.54 \times 4 = 14.16$

17 $3 \times 1.1 = 3.3$

18 $6 \times 6.6 = 39.6$

19 $1.59 \times 7 = 11.13$

20 $0.6 \times 7 = 4.2$

21 $9 \times 0.2 = 1.8$

22 $4 \times 0.22 = 0.88$

23 $5.4 \times 4 = 21.6$

24 $9 \times 0.23 = 2.07$

다른 그림 찾기

» 다른 그림 8곳을 찾아보세요. ☆

DAY 10 (소수 한 자리 수)×(소수 한 자리 수)

0.2×0.8의 계산

2×8을 이용해요

$$\begin{array}{r} 0.2 \\ \times\ 0.8 \end{array} \rightarrow \begin{array}{r} 2 \\ \times\ 8 \\ \hline 1\ 6 \end{array} \rightarrow \begin{array}{r} 0.2 \\ \times\ 0.8 \\ \hline 0.1\ 6 \end{array}$$

● 계산해 보세요.

1
$$\begin{array}{r} 0.1 \\ \times\ 0.3 \\ \hline 0.0\ 3 \end{array}$$

5
$$\begin{array}{r} 0.5 \\ \times\ 0.7 \\ \hline 0.3\ 5 \end{array}$$

9
$$\begin{array}{r} 1.1 \\ \times\ 0.7 \\ \hline 0.7\ 7 \end{array}$$

14
$$\begin{array}{r} 5.3 \\ \times\ 2.8 \\ \hline 1\ 4.8\ 4 \end{array}$$

2
$$\begin{array}{r} 0.2 \\ \times\ 0.4 \\ \hline 0.0\ 8 \end{array}$$

6
$$\begin{array}{r} 0.6 \\ \times\ 2.6 \\ \hline 1.5\ 6 \end{array}$$

10
$$\begin{array}{r} 1.3 \\ \times\ 1.3 \\ \hline 1.6\ 9 \end{array}$$

15
$$\begin{array}{r} 6.6 \\ \times\ 3.3 \\ \hline 2\ 1.7\ 8 \end{array}$$

3
$$\begin{array}{r} 0.3 \\ \times\ 0.5 \\ \hline 0.1\ 5 \end{array}$$

7
$$\begin{array}{r} 0.7 \\ \times\ 0.3 \\ \hline 0.2\ 1 \end{array}$$

11
$$\begin{array}{r} 2.5 \\ \times\ 0.9 \\ \hline 2.2\ 5 \end{array}$$

16
$$\begin{array}{r} 7.3 \\ \times\ 5.2 \\ \hline 3\ 7.9\ 6 \end{array}$$

4
$$\begin{array}{r} 0.4 \\ \times\ 0.9 \\ \hline 0.3\ 6 \end{array}$$

8
$$\begin{array}{r} 0.8 \\ \times\ 1.2 \\ \hline 0.9\ 6 \end{array}$$

12
$$\begin{array}{r} 3.8 \\ \times\ 2.4 \\ \hline 9.1\ 2 \end{array}$$

17
$$\begin{array}{r} 8.7 \\ \times\ 3.1 \\ \hline 2\ 6.9\ 7 \end{array}$$

13
$$\begin{array}{r} 4.1 \\ \times\ 1.6 \\ \hline 6.5\ 6 \end{array}$$

18
$$\begin{array}{r} 9.5 \\ \times\ 2.2 \\ \hline 2\ 0.9 \end{array}$$

19
$$\begin{array}{r} 0.1 \\ \times\ 0.7 \\ \hline 0.0\ 7 \end{array}$$

24
$$\begin{array}{r} 1.6 \\ \times\ 3.9 \\ \hline 6.2\ 4 \end{array}$$

29 $3.3×1.5=4.95$

37 $5.7×1.6=9.12$

30 $3.7×2.7=9.99$

38 $6.2×2.8=17.36$

20
$$\begin{array}{r} 0.4 \\ \times\ 0.6 \\ \hline 0.2\ 4 \end{array}$$

25
$$\begin{array}{r} 1.9 \\ \times\ 2.3 \\ \hline 4.3\ 7 \end{array}$$

31 $3.8×6.2=23.56$

39 $6.5×1.2=7.8$

21
$$\begin{array}{r} 0.5 \\ \times\ 0.4 \\ \hline 0.2 \end{array}$$

26
$$\begin{array}{r} 2.1 \\ \times\ 2.3 \\ \hline 4.8\ 3 \end{array}$$

32 $4.1×6.5=26.65$

40 $7.3×0.9=6.57$

33 $4.5×8.1=36.45$

41 $7.9×1.7=13.43$

22
$$\begin{array}{r} 0.6 \\ \times\ 0.3 \\ \hline 0.1\ 8 \end{array}$$

27
$$\begin{array}{r} 2.2 \\ \times\ 0.4 \\ \hline 0.8\ 8 \end{array}$$

34 $4.6×1.5=6.9$

42 $8.4×2.6=21.84$

35 $5.3×0.3=1.59$

43 $8.5×1.5=12.75$

23
$$\begin{array}{r} 1.2 \\ \times\ 3.3 \\ \hline 3.9\ 6 \end{array}$$

28
$$\begin{array}{r} 2.4 \\ \times\ 0.8 \\ \hline 1.9\ 2 \end{array}$$

36 $5.4×2.3=12.42$

44 $9.1×3.6=32.76$

DAY 11 (소수 한 자리 수)×(소수 두 자리 수)

정답 11쪽 | 맞힌 개수:　/44

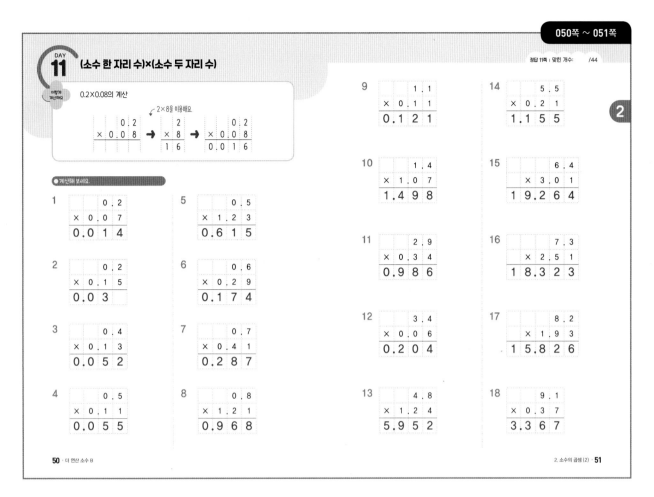

0.2×0.08의 계산

2×8을 이용해요.

$$
\begin{array}{r} 0.2 \\ \times\,0.08 \end{array}
\rightarrow
\begin{array}{r} 2 \\ \times\,8 \\ \hline 16 \end{array}
\rightarrow
\begin{array}{r} 0.2 \\ \times\,0.08 \\ \hline 0.016 \end{array}
$$

● 계산해 보세요.

1　
$$\begin{array}{r} 0.2 \\ \times\,0.07 \\ \hline 0.014 \end{array}$$

5　
$$\begin{array}{r} 0.5 \\ \times\,1.23 \\ \hline 0.615 \end{array}$$

2　
$$\begin{array}{r} 0.2 \\ \times\,0.15 \\ \hline 0.03 \end{array}$$

6　
$$\begin{array}{r} 0.6 \\ \times\,0.29 \\ \hline 0.174 \end{array}$$

3　
$$\begin{array}{r} 0.4 \\ \times\,0.13 \\ \hline 0.052 \end{array}$$

7　
$$\begin{array}{r} 0.7 \\ \times\,0.41 \\ \hline 0.287 \end{array}$$

4　
$$\begin{array}{r} 0.5 \\ \times\,0.11 \\ \hline 0.055 \end{array}$$

8　
$$\begin{array}{r} 0.8 \\ \times\,1.21 \\ \hline 0.968 \end{array}$$

9　
$$\begin{array}{r} 1.1 \\ \times\,0.11 \\ \hline 0.121 \end{array}$$

14　
$$\begin{array}{r} 5.5 \\ \times\,0.21 \\ \hline 1.155 \end{array}$$

10　
$$\begin{array}{r} 1.4 \\ \times\,1.07 \\ \hline 1.498 \end{array}$$

15　
$$\begin{array}{r} 6.4 \\ \times\,3.01 \\ \hline 19.264 \end{array}$$

11　
$$\begin{array}{r} 2.9 \\ \times\,0.34 \\ \hline 0.986 \end{array}$$

16　
$$\begin{array}{r} 7.3 \\ \times\,2.51 \\ \hline 18.323 \end{array}$$

12　
$$\begin{array}{r} 3.4 \\ \times\,0.06 \\ \hline 0.204 \end{array}$$

17　
$$\begin{array}{r} 8.2 \\ \times\,1.93 \\ \hline 15.826 \end{array}$$

13　
$$\begin{array}{r} 4.8 \\ \times\,1.24 \\ \hline 5.952 \end{array}$$

18　
$$\begin{array}{r} 9.1 \\ \times\,0.37 \\ \hline 3.367 \end{array}$$

정답 11쪽

19　
$$\begin{array}{r} 0.2 \\ \times\,0.34 \\ \hline 0.068 \end{array}$$

24　
$$\begin{array}{r} 0.7 \\ \times\,1.01 \\ \hline 0.707 \end{array}$$

20　
$$\begin{array}{r} 0.3 \\ \times\,1.03 \\ \hline 0.309 \end{array}$$

25　
$$\begin{array}{r} 0.8 \\ \times\,1.54 \\ \hline 1.232 \end{array}$$

21　
$$\begin{array}{r} 0.4 \\ \times\,0.09 \\ \hline 0.036 \end{array}$$

26　
$$\begin{array}{r} 0.9 \\ \times\,2.08 \\ \hline 1.872 \end{array}$$

22　
$$\begin{array}{r} 0.5 \\ \times\,1.11 \\ \hline 0.555 \end{array}$$

27　
$$\begin{array}{r} 1.2 \\ \times\,0.23 \\ \hline 0.276 \end{array}$$

23　
$$\begin{array}{r} 0.6 \\ \times\,3.11 \\ \hline 1.866 \end{array}$$

28　
$$\begin{array}{r} 1.4 \\ \times\,0.74 \\ \hline 1.036 \end{array}$$

29 1.8×0.21=0.378

37 5.8×0.11=0.638

30 2.1×0.74=1.554

38 6.3×3.15=19.845

31 2.7×0.37=0.999

39 6.8×0.12=0.816

32 3.1×1.01=3.131

40 7.2×1.04=7.488

33 3.3×5.06=16.698

41 7.4×3.11=23.014

34 4.2×0.18=0.756

42 8.1×1.18=9.558

35 4.6×1.16=5.336

43 8.5×3.52=29.92

36 4.7×0.49=2.303

44 9.2×0.14=1.288

DAY 12 (소수 두 자리 수)×(소수 한 자리 수)

이렇게 계산해요 0.02×0.8의 계산

2×8을 이용해요

$$
\begin{array}{r} 0.02 \\ \times\ 0.8 \end{array}
\rightarrow
\begin{array}{r} 2 \\ \times\ 8 \\ \hline 16 \end{array}
\rightarrow
\begin{array}{r} 0.02 \\ \times\ 0.8 \\ \hline 0.016 \end{array}
$$

● 계산해 보세요.

1
$$\begin{array}{r} 0.03 \\ \times\ \ 0.4 \\ \hline 0.012 \end{array}$$

5
$$\begin{array}{r} 0.74 \\ \times\ \ 0.9 \\ \hline 0.666 \end{array}$$

9
$$\begin{array}{r} 2.21 \\ \times\ \ 1.4 \\ \hline 3.094 \end{array}$$

14
$$\begin{array}{r} 6.03 \\ \times\ \ 2.1 \\ \hline 12.663 \end{array}$$

2
$$\begin{array}{r} 0.09 \\ \times\ \ 0.2 \\ \hline 0.018 \end{array}$$

6
$$\begin{array}{r} 1.06 \\ \times\ \ 1.5 \\ \hline 1.59 \end{array}$$

10
$$\begin{array}{r} 3.07 \\ \times\ \ 0.3 \\ \hline 0.921 \end{array}$$

15
$$\begin{array}{r} 6.22 \\ \times\ \ 1.7 \\ \hline 10.574 \end{array}$$

3
$$\begin{array}{r} 0.18 \\ \times\ \ 1.4 \\ \hline 0.252 \end{array}$$

7
$$\begin{array}{r} 1.13 \\ \times\ \ 0.2 \\ \hline 0.226 \end{array}$$

11
$$\begin{array}{r} 3.31 \\ \times\ \ 0.5 \\ \hline 1.655 \end{array}$$

16
$$\begin{array}{r} 7.36 \\ \times\ \ 1.1 \\ \hline 8.096 \end{array}$$

4
$$\begin{array}{r} 0.55 \\ \times\ \ 1.5 \\ \hline 0.825 \end{array}$$

8
$$\begin{array}{r} 2.16 \\ \times\ \ 0.6 \\ \hline 1.296 \end{array}$$

12
$$\begin{array}{r} 4.54 \\ \times\ \ 2.2 \\ \hline 9.988 \end{array}$$

17
$$\begin{array}{r} 8.54 \\ \times\ \ 0.7 \\ \hline 5.978 \end{array}$$

13
$$\begin{array}{r} 5.16 \\ \times\ \ 4.5 \\ \hline 23.22 \end{array}$$

18
$$\begin{array}{r} 9.09 \\ \times\ \ 2.3 \\ \hline 20.907 \end{array}$$

19
$$\begin{array}{r} 0.04 \\ \times\ \ 2.3 \\ \hline 0.092 \end{array}$$

24
$$\begin{array}{r} 0.44 \\ \times\ \ 1.1 \\ \hline 0.484 \end{array}$$

29 $0.91 \times 7.3 = 6.643$

37 $4.51 \times 3.2 = 14.432$

20
$$\begin{array}{r} 0.06 \\ \times\ \ 1.2 \\ \hline 0.072 \end{array}$$

25
$$\begin{array}{r} 0.57 \\ \times\ \ 0.9 \\ \hline 0.513 \end{array}$$

30 $1.01 \times 3.4 = 3.434$

38 $5.19 \times 2.6 = 13.494$

21
$$\begin{array}{r} 0.17 \\ \times\ \ 0.8 \\ \hline 0.136 \end{array}$$

26
$$\begin{array}{r} 0.69 \\ \times\ \ 1.9 \\ \hline 1.311 \end{array}$$

31 $1.17 \times 1.7 = 1.989$

39 $6.42 \times 3.4 = 21.828$

22
$$\begin{array}{r} 0.23 \\ \times\ \ 4.3 \\ \hline 0.989 \end{array}$$

27
$$\begin{array}{r} 0.78 \\ \times\ \ 2.6 \\ \hline 2.028 \end{array}$$

32 $2.31 \times 1.1 = 2.541$

40 $6.81 \times 1.5 = 10.215$

33 $2.51 \times 6.7 = 16.817$

41 $7.27 \times 2.5 = 18.175$

34 $3.14 \times 2.2 = 6.908$

42 $7.78 \times 1.3 = 10.114$

35 $3.73 \times 4.6 = 17.158$

43 $8.89 \times 2.1 = 18.669$

23
$$\begin{array}{r} 0.38 \\ \times\ \ 2.1 \\ \hline 0.798 \end{array}$$

28
$$\begin{array}{r} 0.85 \\ \times\ \ 5.5 \\ \hline 4.675 \end{array}$$

36 $4.32 \times 8.4 = 36.288$

44 $9.94 \times 1.4 = 13.916$

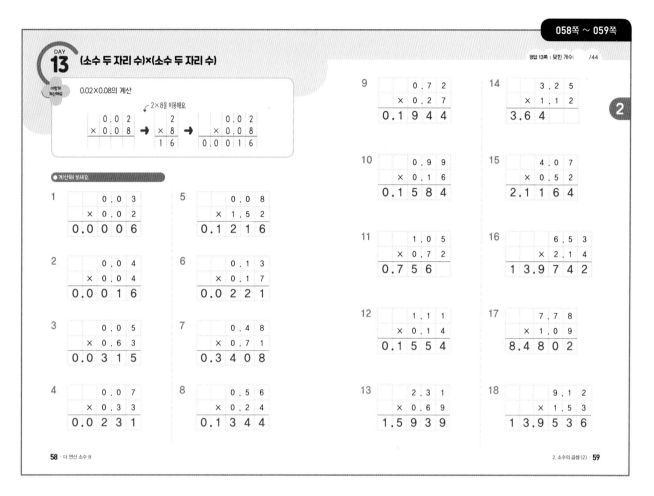

DAY 13 (소수 두 자리 수)×(소수 두 자리 수)

정답 13쪽 | 맞힌 개수: /44

이렇게 계산해요!

0.02×0.08의 계산

2×8을 이용해요.

$$
\begin{array}{r} 0.02 \\ \times\ 0.08 \\ \hline \end{array}
\ \rightarrow\
\begin{array}{r} 2 \\ \times\ 8 \\ \hline 16 \end{array}
\ \rightarrow\
\begin{array}{r} 0.02 \\ \times\ 0.08 \\ \hline 0.0016 \end{array}
$$

● 계산해 보세요.

1
$$\begin{array}{r} 0.03 \\ \times\ 0.02 \\ \hline 0.0006 \end{array}$$

2
$$\begin{array}{r} 0.04 \\ \times\ 0.04 \\ \hline 0.0016 \end{array}$$

3
$$\begin{array}{r} 0.05 \\ \times\ 0.63 \\ \hline 0.0315 \end{array}$$

4
$$\begin{array}{r} 0.07 \\ \times\ 0.33 \\ \hline 0.0231 \end{array}$$

5
$$\begin{array}{r} 0.08 \\ \times\ 1.52 \\ \hline 0.1216 \end{array}$$

6
$$\begin{array}{r} 0.13 \\ \times\ 0.17 \\ \hline 0.0221 \end{array}$$

7
$$\begin{array}{r} 0.48 \\ \times\ 0.71 \\ \hline 0.3408 \end{array}$$

8
$$\begin{array}{r} 0.56 \\ \times\ 0.24 \\ \hline 0.1344 \end{array}$$

9
$$\begin{array}{r} 0.72 \\ \times\ 0.27 \\ \hline 0.1944 \end{array}$$

10
$$\begin{array}{r} 0.99 \\ \times\ 0.16 \\ \hline 0.1584 \end{array}$$

11
$$\begin{array}{r} 1.05 \\ \times\ 0.72 \\ \hline 0.756 \end{array}$$

12
$$\begin{array}{r} 1.11 \\ \times\ 0.14 \\ \hline 0.1554 \end{array}$$

13
$$\begin{array}{r} 2.31 \\ \times\ 0.69 \\ \hline 1.5939 \end{array}$$

14
$$\begin{array}{r} 3.25 \\ \times\ 1.12 \\ \hline 3.64 \end{array}$$

15
$$\begin{array}{r} 4.07 \\ \times\ 0.52 \\ \hline 2.1164 \end{array}$$

16
$$\begin{array}{r} 6.53 \\ \times\ 2.14 \\ \hline 13.9742 \end{array}$$

17
$$\begin{array}{r} 7.78 \\ \times\ 1.09 \\ \hline 8.4802 \end{array}$$

18
$$\begin{array}{r} 9.12 \\ \times\ 1.53 \\ \hline 13.9536 \end{array}$$

정답 13쪽

19
$$\begin{array}{r} 0.03 \\ \times\ 0.23 \\ \hline 0.0069 \end{array}$$

20
$$\begin{array}{r} 0.04 \\ \times\ 0.57 \\ \hline 0.0228 \end{array}$$

21
$$\begin{array}{r} 0.06 \\ \times\ 1.81 \\ \hline 0.1086 \end{array}$$

22
$$\begin{array}{r} 0.21 \\ \times\ 0.35 \\ \hline 0.0735 \end{array}$$

23
$$\begin{array}{r} 0.66 \\ \times\ 1.22 \\ \hline 0.8052 \end{array}$$

24
$$\begin{array}{r} 0.71 \\ \times\ 2.14 \\ \hline 1.5194 \end{array}$$

25
$$\begin{array}{r} 0.85 \\ \times\ 0.91 \\ \hline 0.7735 \end{array}$$

26
$$\begin{array}{r} 0.87 \\ \times\ 3.21 \\ \hline 2.7927 \end{array}$$

27
$$\begin{array}{r} 0.94 \\ \times\ 0.49 \\ \hline 0.4606 \end{array}$$

28
$$\begin{array}{r} 0.96 \\ \times\ 1.12 \\ \hline 1.0752 \end{array}$$

29 1.35×1.35 = 1.8225

30 1.61×0.65 = 1.0465

31 2.01×0.14 = 0.2814

32 2.33×1.13 = 2.6329

33 2.76×2.22 = 6.1272

34 3.12×2.13 = 6.6456

35 3.54×2.51 = 8.8854

36 4.52×3.11 = 14.0572

37 5.06×2.06 = 10.4236

38 5.39×1.07 = 5.7673

39 6.81×3.11 = 21.1791

40 7.27×1.51 = 10.9777

41 7.55×2.26 = 17.063

42 8.09×0.48 = 3.8832

43 8.79×1.26 = 11.0754

44 9.32×1.93 = 17.9876

정답 · **13**

DAY 14 소수의 곱셈에서 곱의 소수점 위치 찾기

정답 14쪽 | 맞힌 개수: /38

곱의 소수 위치

1.2 × 1 = 1.2	12 × 1 = 12	3 × 7 = 21
1.2 × 10 = 12	12 × 0.1 = 1.2	0.3 × 7 = 2.1
1.2 × 100 = 120	12 × 0.01 = 0.12	0.3 × 0.7 = 0.21
1.2 × 1000 = 1200	12 × 0.001 = 0.012	0.03 × 0.7 = 0.021

● 계산해 보세요.

1
0.3×1=0.3
0.3×10=3
0.3×100=30
0.3×1000=300

2
0.5×1=0.5
0.5×10=5
0.5×100=50
0.5×1000=500

3
0.76×1=0.76
0.76×10=7.6
0.76×100=76
0.76×1000=760

4
0.947×1=0.947
0.947×10=9.47
0.947×100=94.7
0.947×1000=947

5
1.5×1=1.5
1.5×10=15
1.5×100=150
1.5×1000=1500

6
3.32×1=3.32
3.32×10=33.2
3.32×100=332
3.32×1000=3320

7
6.11×1=6.11
6.11×10=61.1
6.11×100=611
6.11×1000=6110

8
8.249×1=8.249
8.249×10=82.49
8.249×100=824.9
8.249×1000=8249

9
4×1=4
4×0.1=0.4
4×0.01=0.04
4×0.001=0.004

10
9×1=9
9×0.1=0.9
9×0.01=0.09
9×0.001=0.009

11
11×1=11
11×0.1=1.1
11×0.01=0.11
11×0.001=0.011

12
75×1=75
75×0.1=7.5
75×0.01=0.75
75×0.001=0.075

13
92×1=92
92×0.1=9.2
92×0.01=0.92
92×0.001=0.092

14
222×1=222
222×0.1=22.2
222×0.01=2.22
222×0.001=0.222

15
516×1=516
516×0.1=51.6
516×0.01=5.16
516×0.001=0.516

16
831×1=831
831×0.1=83.1
831×0.01=8.31
831×0.001=0.831

17
1357×1=1357
1357×0.1=135.7
1357×0.01=13.57
1357×0.001=1.357

18
2468×1=2468
2468×0.1=246.8
2468×0.01=24.68
2468×0.001=2.468

정답 14쪽

● 주어진 식을 이용하여 계산해 보세요.

19 3×8=24
0.3×0.8=0.24
0.3×0.08=0.024
0.03×0.08=0.0024

20 4×12=48
0.4×1.2=0.48
0.4×0.12=0.048
0.04×0.12=0.0048

21 6×16=96
0.6×1.6=0.96
0.06×1.6=0.096
0.06×0.16=0.0096

22 7×5=35
0.7×0.5=0.35
0.07×0.5=0.035
0.07×0.05=0.0035

23 11×7=77
1.1×0.7=0.77
1.1×0.07=0.077
0.11×0.07=0.0077

24 21×3=63
2.1×0.3=0.63
0.21×0.3=0.063
0.21×0.03=0.0063

25 12×12=144
1.2×1.2=1.44
1.2×0.12=0.144
0.12×0.12=0.0144

26 17×13=221
1.7×1.3=2.21
0.17×1.3=0.221
0.17×0.13=0.0221

27 204×3=612
20.4×0.3=6.12
20.4×0.03=0.612
2.04×0.03=0.0612

28 335×6=2010
33.5×0.6=20.1
3.35×0.6=2.01
3.35×0.06=0.201

29 161×51=8211
16.1×5.1=82.11
16.1×0.51=8.211
1.61×0.51=0.8211

30 222×13=2886
22.2×1.3=28.86
2.22×1.3=2.886
2.22×0.13=0.2886

31 3.3×13=42.9
3.3×1.3=4.29
0.33×1.3=0.429
0.33×0.13=0.0429

32 5.1×17=86.7
5.1×1.7=8.67
5.1×0.17=0.867
0.51×0.17=0.0867

33 7.12×8=56.96
7.12×0.8=5.696
7.12×0.08=0.5696
0.712×0.08=0.05696

34 15×1.5=22.5
1.5×1.5=2.25
0.15×1.5=0.225
0.15×0.15=0.0225

35 19×1.1=20.9
1.9×1.1=2.09
1.9×0.11=0.209
0.19×0.11=0.0209

36 9×1.16=10.44
0.9×1.16=1.044
0.09×1.16=0.1044
0.09×0.116=0.01044

37 6.7×1.4=9.38
6.7×0.14=0.938
0.67×0.14=0.0938
0.067×0.14=0.00938

38 9.2×3.5=32.2
0.92×3.5=3.22
0.92×0.35=0.322
0.92×0.035=0.0322

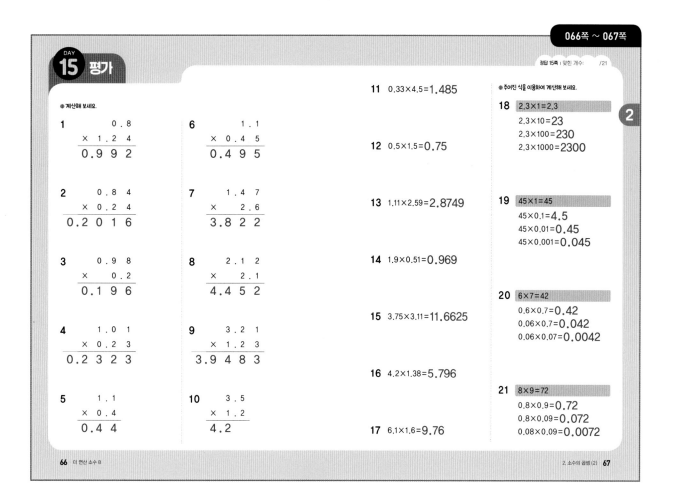

정답 15쪽 | 맞힌 개수: /21

● 계산해 보세요.

1
```
      0 . 8
×   1 . 2 4
-----------
  0 . 9 9 2
```

6
```
      1 . 1
×   0 . 4 5
-----------
  0 . 4 9 5
```

2
```
      0 . 8 4
×   0 . 2 4
-------------
  0 . 2 0 1 6
```

7
```
      1 . 4 7
×       2 . 6
-------------
  3 . 8 2 2
```

3
```
      0 . 9 8
×       0 . 2
-------------
  0 . 1 9 6
```

8
```
      2 . 1 2
×       2 . 1
-------------
  4 . 4 5 2
```

4
```
      1 . 0 1
×   0 . 2 3
-------------
  0 . 2 3 2 3
```

9
```
      3 . 2 1
×   1 . 2 3
-------------
  3 . 9 4 8 3
```

5
```
      1 . 1
×   0 . 4
-----------
  0 . 4 4
```

10
```
      3 . 5
×   1 . 2
-----------
  4 . 2
```

11 0.33×4.5=**1.485**

12 0.5×1.5=**0.75**

13 1.11×2.59=**2.8749**

14 1.9×0.51=**0.969**

15 3.75×3.11=**11.6625**

16 4.2×1.38=**5.796**

17 6.1×1.6=**9.76**

● 주어진 식을 이용하여 계산해 보세요.

18 2.3×1=2.3
2.3×10=**23**
2.3×100=**230**
2.3×1000=**2300**

19 45×1=45
45×0.1=**4.5**
45×0.01=**0.45**
45×0.001=**0.045**

20 6×7=42
0.6×0.7=**0.42**
0.06×0.7=**0.042**
0.06×0.07=**0.0042**

21 8×9=72
0.8×0.9=**0.72**
0.8×0.09=**0.072**
0.08×0.09=**0.0072**

정답 15쪽

다른 그림 찾기 >> 다른 그림 8곳을 찾아보세요. ☆

정답

DAY 16 (소수)÷(자연수)
: 자연수의 나눗셈을 이용하는 경우

정답 16쪽 | 맞힌 개수: /42

이렇게 계산해요

24.6÷2, 2.46÷2의 계산

$$246 \div 2 = 123$$
$$\underset{\frac{1}{10}}{24.6} \div 2 = 12.3$$
$$2.46 \div 2 = 1.23$$

● 자연수의 나눗셈을 이용하여 □ 안에 알맞은 수를 써넣으세요.

1 108÷4=27
10.8÷4=**2.7**
1.08÷4=**0.27**

5 189÷9=21
18.9÷9=**2.1**
1.89÷9=**0.21**

2 126÷3=42
12.6÷3=**4.2**
1.26÷3=**0.42**

6 216÷4=54
21.6÷4=**5.4**
2.16÷4=**0.54**

3 168÷3=56
16.8÷3=**5.6**
1.68÷3=**0.56**

7 256÷8=32
25.6÷8=**3.2**
2.56÷8=**0.32**

4 175÷7=25
17.5÷7=**2.5**
1.75÷7=**0.25**

8 266÷2=133
26.6÷2=**13.3**
2.66÷2=**1.33**

9 336÷6=56
33.6÷6=**5.6**
3.36÷6=**0.56**

10 375÷3=125
37.5÷3=**12.5**
3.75÷3=**1.25**

11 452÷4=113
45.2÷4=**11.3**
4.52÷4=**1.13**

12 555÷5=111
55.5÷5=**11.1**
5.55÷5=**1.11**

13 624÷6=104
62.4÷6=**10.4**
6.24÷6=**1.04**

14 639÷3=213
63.9÷3=**21.3**
6.39÷3=**2.13**

15 774÷6=129
77.4÷6=**12.9**
7.74÷6=**1.29**

16 784÷7=112
78.4÷7=**11.2**
7.84÷7=**1.12**

17 864÷2=432
86.4÷2=**43.2**
8.64÷2=**4.32**

18 936÷3=312
93.6÷3=**31.2**
9.36÷3=**3.12**

정답 16쪽

● 계산해 보세요.

19 125÷5=25
12.5÷5=2.5
1.25÷5=0.25

20 135÷3=45
13.5÷3=4.5
1.35÷3=0.45

21 148÷4=37
14.8÷4=3.7
1.48÷4=0.37

22 192÷8=24
19.2÷8=2.4
1.92÷8=0.24

23 212÷4=53
21.2÷4=5.3
2.12÷4=0.53

24 224÷2=112
22.4÷2=11.2
2.24÷2=1.12

25 231÷3=77
23.1÷3=7.7
2.31÷3=0.77

26 256÷4=64
25.6÷4=6.4
2.56÷4=0.64

27 268÷2=134
26.8÷2=13.4
2.68÷2=1.34

28 306÷9=34
30.6÷9=3.4
3.06÷9=0.34

29 355÷5=71
35.5÷5=7.1
3.55÷5=0.71

30 396÷6=66
39.6÷6=6.6
3.96÷6=0.66

31 441÷7=63
44.1÷7=6.3
4.41÷7=0.63

32 448÷4=112
44.8÷4=11.2
4.48÷4=1.12

33 536÷8=67
53.6÷8=6.7
5.36÷8=0.67

34 598÷2=299
59.8÷2=29.9
5.98÷2=2.99

35 645÷3=215
64.5÷3=21.5
6.45÷3=2.15

36 654÷6=109
65.4÷6=10.9
6.54÷6=1.09

37 715÷5=143
71.5÷5=14.3
7.15÷5=1.43

38 732÷4=183
73.2÷4=18.3
7.32÷4=1.83

39 791÷7=113
79.1÷7=11.3
7.91÷7=1.13

40 862÷2=431
86.2÷2=43.1
8.62÷2=4.31

41 868÷7=124
86.8÷7=12.4
8.68÷7=1.24

42 972÷9=108
97.2÷9=10.8
9.72÷9=1.08

17 DAY (소수)÷(자연수)
: 몫이 1보다 큰 경우

어떻게 계산해요

5.4÷2의 계산

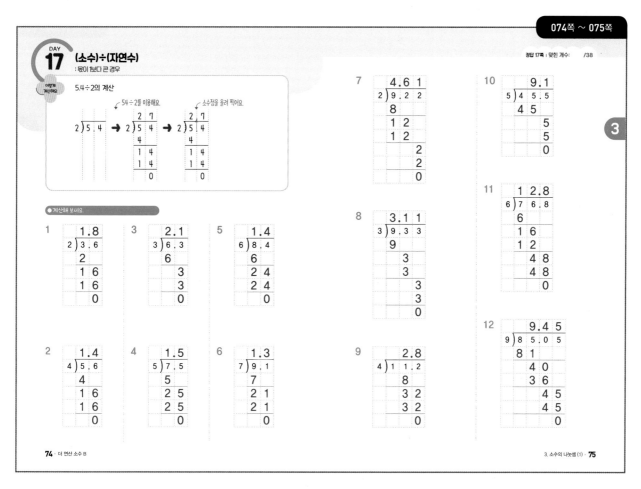

● 계산해 보세요.

1
```
    1.8
2)3.6
  2
  1 6
  1 6
    0
```

3
```
    2.1
3)6.3
  6
    3
    3
    0
```

5
```
    1.4
6)8.4
  6
  2 4
  2 4
    0
```

7
```
    4.6 1
2)9.2 2
  8
  1 2
  1 2
    2
    2
    0
```

10
```
    9.1
5)4 5.5
  4 5
    5
    5
    0
```

2
```
    1.4
4)5.6
  4
  1 6
  1 6
    0
```

4
```
    1.5
5)7.5
  5
  2 5
  2 5
    0
```

6
```
    1.3
7)9.1
  7
  2 1
  2 1
    0
```

8
```
    3.1 1
3)9.3 3
  9
    3
    3
    3
    3
    0
```

9
```
    2.8
4)1 1.2
  8
  3 2
  3 2
    0
```

11
```
    1 2.8
6)7 6.8
  6
  1 6
  1 2
    4 8
    4 8
      0
```

12
```
      9.4 5
9)8 5.0 5
  8 1
    4 0
    3 6
      4 5
      4 5
        0
```

13
```
    1.2 3
3)3.6 9
```

19
```
    1.7 2
4)6.8 8
```

25 9.92÷8=1.24

32 43.8÷3=14.6

14
```
    1.3
3)3.9
```

20
```
    2.3
3)6.9
```

26 9.96÷3=3.32

33 47.95÷7=6.85

15
```
    1.1
4)4.4
```

21
```
    1.3
6)7.8
```

27 10.2÷6=1.7

34 50.28÷4=12.57

16
```
    2.4 4
2)4.8 8
```

22
```
    2.7
3)8.1
```

28 11.7÷9=1.3

35 59.2÷4=14.8

17
```
    1.8
3)5.4
```

23
```
    1.7
5)8.5
```

29 28.5÷3=9.5

36 71.6÷4=17.9

18
```
    1.1 3
5)5.6 5
```

24
```
    1.4
7)9.8
```

30 34.32÷8=4.29

37 77.52÷12=6.46

31 34.5÷5=6.9

38 85.2÷6=14.2

정답

DAY 18 (소수)÷(자연수)
: 몫이 1보다 작은 경우

정답 18쪽 · 맞힌 개수: /38

1.52÷4의 계산

152÷4를 이용해요.

몫이 1보다 작으면 일의 자리에 0을 써요.

$$4\overline{)1.52} \rightarrow 4\overline{)152} \begin{array}{r} 38 \\ \hline 152 \\ 12 \\ \hline 32 \\ 32 \\ \hline 0 \end{array} \rightarrow 4\overline{)1.52} \begin{array}{r} 0.38 \\ \hline 152 \\ 12 \\ \hline 32 \\ 32 \\ \hline 0 \end{array}$$

● 계산해 보세요.

1
$$2\overline{)0.6} \begin{array}{r} 0.3 \\ \hline 6 \\ \hline 0 \end{array}$$

2
$$4\overline{)1.6} \begin{array}{r} 0.4 \\ \hline 16 \\ \hline 0 \end{array}$$

3
$$6\overline{)2.4} \begin{array}{r} 0.4 \\ \hline 24 \\ \hline 0 \end{array}$$

4
$$5\overline{)2.5} \begin{array}{r} 0.5 \\ \hline 25 \\ \hline 0 \end{array}$$

5
$$7\overline{)3.5} \begin{array}{r} 0.5 \\ \hline 35 \\ \hline 0 \end{array}$$

6
$$9\overline{)3.6} \begin{array}{r} 0.4 \\ \hline 36 \\ \hline 0 \end{array}$$

7
$$6\overline{)3.72} \begin{array}{r} 0.62 \\ \hline 36 \\ \hline 12 \\ 12 \\ \hline 0 \end{array}$$

8
$$7\overline{)4.55} \begin{array}{r} 0.65 \\ \hline 42 \\ \hline 35 \\ 35 \\ \hline 0 \end{array}$$

9
$$6\overline{)4.74} \begin{array}{r} 0.79 \\ \hline 42 \\ \hline 54 \\ 54 \\ \hline 0 \end{array}$$

10
$$8\overline{)5.52} \begin{array}{r} 0.69 \\ \hline 48 \\ \hline 72 \\ 72 \\ \hline 0 \end{array}$$

11
$$9\overline{)6.03} \begin{array}{r} 0.67 \\ \hline 54 \\ \hline 63 \\ 63 \\ \hline 0 \end{array}$$

12
$$11\overline{)10.89} \begin{array}{r} 0.99 \\ \hline 99 \\ \hline 99 \\ 99 \\ \hline 0 \end{array}$$

78 · 더 연산 소수 B

3. 소수의 나눗셈 (1) · 79

3

정답 18쪽

13
$$5\overline{)0.5} \begin{array}{r} 0.1 \end{array}$$

14
$$4\overline{)2.52} \begin{array}{r} 0.63 \end{array}$$

15
$$3\overline{)2.88} \begin{array}{r} 0.96 \end{array}$$

16
$$4\overline{)2.96} \begin{array}{r} 0.74 \end{array}$$

17
$$6\overline{)3.36} \begin{array}{r} 0.56 \end{array}$$

18
$$4\overline{)3.84} \begin{array}{r} 0.96 \end{array}$$

19
$$7\overline{)4.2} \begin{array}{r} 0.6 \end{array}$$

20
$$6\overline{)4.32} \begin{array}{r} 0.72 \end{array}$$

21
$$8\overline{)4.56} \begin{array}{r} 0.57 \end{array}$$

22
$$5\overline{)4.95} \begin{array}{r} 0.99 \end{array}$$

23
$$9\overline{)5.4} \begin{array}{r} 0.6 \end{array}$$

24
$$8\overline{)5.6} \begin{array}{r} 0.7 \end{array}$$

25 6.23÷7=0.89

26 6.24÷8=0.78

27 6.48÷9=0.72

28 6.51÷7=0.93

29 7.74÷9=0.86

30 7.92÷8=0.99

31 8.37÷9=0.93

32 9.1÷13=0.7

33 9.6÷12=0.8

34 9.9÷11=0.9

35 10.5÷15=0.7

36 11.13÷21=0.53

37 12.48÷13=0.96

38 21.76÷34=0.64

80 · 더 연산 소수 B

3. 소수의 나눗셈 (1) · 81

3

18 · 더 연산 소수 B

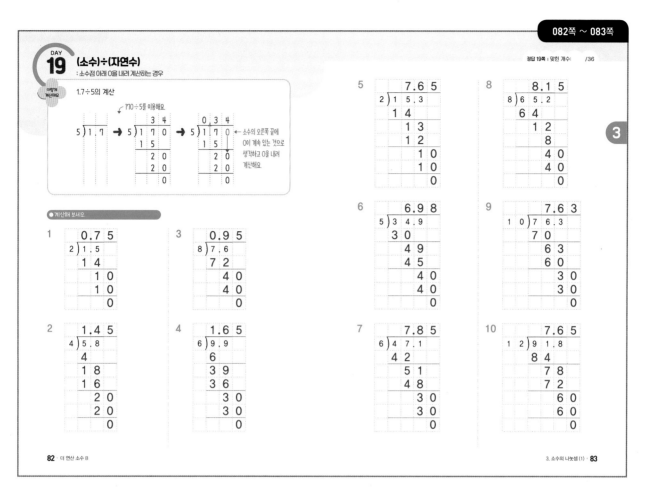

11
$$\begin{array}{r} 0.65 \\ 2\overline{)1.3} \end{array}$$

17
$$\begin{array}{r} 4.15 \\ 2\overline{)8.3} \end{array}$$

23 $18.6 \div 5 = 3.72$

30 $52.5 \div 14 = 3.75$

12
$$\begin{array}{r} 0.52 \\ 5\overline{)2.6} \end{array}$$

18
$$\begin{array}{r} 1.88 \\ 5\overline{)9.4} \end{array}$$

24 $21.3 \div 5 = 4.26$

31 $55.8 \div 15 = 3.72$

13
$$\begin{array}{r} 0.85 \\ 4\overline{)3.4} \end{array}$$

19
$$\begin{array}{r} 2.45 \\ 4\overline{)9.8} \end{array}$$

25 $25.4 \div 4 = 6.35$

32 $60.9 \div 14 = 4.35$

14
$$\begin{array}{r} 0.98 \\ 5\overline{)4.9} \end{array}$$

20
$$\begin{array}{r} 1.75 \\ 6\overline{)10.5} \end{array}$$

26 $33.3 \div 6 = 5.55$

33 $71.5 \div 26 = 2.75$

15
$$\begin{array}{r} 0.85 \\ 6\overline{)5.1} \end{array}$$

21
$$\begin{array}{r} 2.34 \\ 5\overline{)11.7} \end{array}$$

27 $37.2 \div 8 = 4.65$

34 $73.8 \div 12 = 6.15$

16
$$\begin{array}{r} 0.85 \\ 8\overline{)6.8} \end{array}$$

22
$$\begin{array}{r} 1.85 \\ 8\overline{)14.8} \end{array}$$

28 $40.8 \div 5 = 8.16$

35 $82.2 \div 12 = 6.85$

29 $41.2 \div 8 = 5.15$

36 $91.8 \div 15 = 6.12$

DAY 20 (소수)÷(자연수)
: 몫의 소수 첫째 자리에 0이 있는 경우

정답 20쪽 | 맞힌 개수 : /36

어떻게 계산해요?

4.12÷2의 계산

412÷2를 이용해요.

$$2\overline{)4.12} \rightarrow 2\overline{)4\ 1\ 2}\ \begin{array}{c}2\ 0\ 6\\4\\\hline1\ 2\\1\ 2\\\hline0\end{array} \rightarrow 2\overline{)4.1\ 2}\ \begin{array}{c}2.0\ 6\\4\\\hline1\ 2\\1\ 2\\\hline0\end{array}$$

1을 2로 나눌 수 없으므로
0을 써요

● 계산해 보세요.

1
$$2\overline{)0.1\ 2}\ \begin{array}{c}0.0\ 6\\\hline1\ 2\\\hline0\end{array}$$

2
$$3\overline{)3.1\ 2}\ \begin{array}{c}1.0\ 4\\3\\\hline1\ 2\\1\ 2\\\hline0\end{array}$$

3
$$4\overline{)4.2\ 4}\ \begin{array}{c}1.0\ 6\\4\\\hline2\ 4\\2\ 4\\\hline0\end{array}$$

4
$$5\overline{)5.2\ 5}\ \begin{array}{c}1.0\ 5\\5\\\hline2\ 5\\2\ 5\\\hline0\end{array}$$

5
$$8\overline{)1\ 6.7\ 2}\ \begin{array}{c}2.0\ 9\\1\ 6\\\hline7\ 2\\7\ 2\\\hline0\end{array}$$

6
$$7\overline{)3\ 5.2\ 1}\ \begin{array}{c}5.0\ 3\\3\ 5\\\hline2\ 1\\2\ 1\\\hline0\end{array}$$

7
$$4\overline{)4\ 8.1\ 6}\ \begin{array}{c}1\ 2.0\ 4\\4\\\hline8\\8\\\hline1\ 6\\1\ 6\\\hline0\end{array}$$

8
$$1\ 3\overline{)6\ 5.6\ 5}\ \begin{array}{c}5.0\ 5\\6\ 5\\\hline6\ 5\\6\ 5\\\hline0\end{array}$$

9
$$8\overline{)7\ 2.4}\ \begin{array}{c}9.0\ 5\\7\ 2\\\hline4\ 0\\4\ 0\\\hline0\end{array}$$

10
$$1\ 4\overline{)8\ 4.7}\ \begin{array}{c}6.0\ 5\\8\ 4\\\hline7\ 0\\7\ 0\\\hline0\end{array}$$

86 · 더 연산 소수 B

3. 소수의 나눗셈 (1) · 87

11
$$5\overline{)0.2\ 5}\ \ 0.0\ 5$$

12
$$2\overline{)4.1\ 4}\ \ 2.0\ 7$$

13
$$6\overline{)6.5\ 4}\ \ 1.0\ 9$$

14
$$7\overline{)7.3\ 5}\ \ 1.0\ 5$$

15
$$4\overline{)8.2\ 4}\ \ 2.0\ 6$$

16
$$3\overline{)9.2\ 1}\ \ 3.0\ 7$$

17
$$5\overline{)1\ 0.1\ 5}\ \ 2.0\ 3$$

18
$$6\overline{)1\ 2.3\ 6}\ \ 2.0\ 6$$

19
$$5\overline{)1\ 5.1}\ \ 3.0\ 2$$

20
$$8\overline{)1\ 6.4}\ \ 2.0\ 5$$

21
$$6\overline{)1\ 8.3}\ \ 3.0\ 5$$

22
$$5\overline{)2\ 0.2}\ \ 4.0\ 4$$

23 21.42÷7=**3.06**

24 24.24÷8=**3.03**

25 30.35÷5=**6.07**

26 36.16÷4=**9.04**

27 36.81÷9=**4.09**

28 42.42÷6=**7.07**

29 48.36÷12=**4.03**

30 55.44÷18=**3.08**

31 60.45÷15=**4.03**

32 71.12÷14=**5.08**

33 72.6÷12=**6.05**

34 84.6÷12=**7.05**

35 90.6÷15=**6.04**

36 96.8÷16=**6.05**

88 · 더 연산 소수 B

3. 소수의 나눗셈 (1) · 89

20 · 더 연산 소수 B

DAY 21 (자연수)÷(자연수)

정답 21쪽 | 맞힌 개수 /36

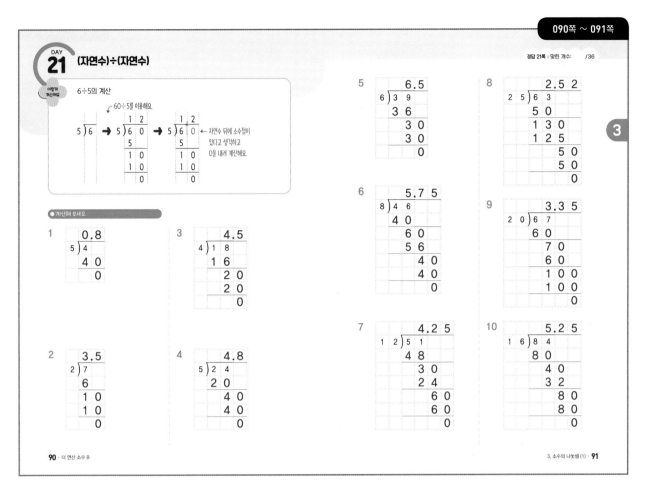

6÷5의 계산

60÷5를 이용해요.

자연수 뒤에 소수점이 있다고 생각하고 0을 내려 계산해요

● 계산해 보세요.

1
```
      0.8
  5 ) 4
      4 0
        0
```

2
```
      3.5
  2 ) 7
      6
      1 0
      1 0
        0
```

3
```
      4.5
  4 ) 1 8
      1 6
        2 0
        2 0
          0
```

4
```
      4.8
  5 ) 2 4
      2 0
        4 0
        4 0
          0
```

5
```
      6.5
  6 ) 3 9
      3 6
        3 0
        3 0
          0
```

6
```
      5.7 5
  8 ) 4 6
      4 0
        6 0
        5 6
          4 0
          4 0
            0
```

7
```
      4.2 5
  1 2 ) 5 1
        4 8
          3 0
          2 4
            6 0
            6 0
              0
```

8
```
        2.5 2
  2 5 ) 6 3
        5 0
        1 3 0
        1 2 5
            5 0
            5 0
              0
```

9
```
        3.3 5
  2 0 ) 6 7
        6 0
          7 0
          6 0
          1 0 0
          1 0 0
              0
```

10
```
        5.2 5
  1 6 ) 8 4
        8 0
          4 0
          3 2
            8 0
            8 0
              0
```

90 · 더 연산 소수 B

3. 소수의 나눗셈 (1) · 91

11
```
      0.7 5
  4 ) 3
```

12
```
      0.5
  8 ) 4
```

13
```
      1.4
  5 ) 7
```

14
```
      1.5
  6 ) 9
```

15
```
      2.4
  5 ) 1 2
```

16
```
      7.5
  2 ) 1 5
```

17
```
      4.2 5
  4 ) 1 7
```

18
```
      2.5
  8 ) 2 0
```

19
```
      5.5
  4 ) 2 2
```

20
```
      2.7 5
  8 ) 2 2
```

21
```
      5.2
  5 ) 2 6
```

22
```
      6.7 5
  4 ) 2 7
```

23 31÷2=15.5

24 32÷25=1.28

25 36÷8=4.5

26 37÷4=9.25

27 42÷5=8.4

28 48÷5=9.6

29 50÷8=6.25

30 56÷16=3.5

31 58÷4=14.5

32 65÷26=2.5

33 77÷14=5.5

34 76÷16=4.75

35 84÷24=3.5

36 92÷5=18.4

92 · 더 연산 소수 B

3. 소수의 나눗셈 (1) · 93

정답 · **21**

DAY 22 평가

정답 22쪽 | 맞힌 개수: /22

●계산해 보세요.

1
$$2\,)\overline{0.3\ 4} = 0.1\ 7$$

6
$$5\,)\overline{1.6} = 0.3\ 2$$

2
$$3\,)\overline{0.3\ 6} = 0.1\ 2$$

7
$$6\,)\overline{6.4\ 8} = 1.0\ 8$$

3
$$2\ 1\,)\overline{0.8\ 4} = 0.0\ 4$$

8
$$1\ 1\,)\overline{7.9\ 2} = 0.7\ 2$$

4
$$8\,)\overline{1.1\ 2} = 0.1\ 4$$

9
$$2\,)\overline{8.7} = 4.3\ 5$$

5
$$8\,)\overline{1.5\ 2} = 0.1\ 9$$

10
$$3\,)\overline{9.6\ 3} = 3.2\ 1$$

11 $12.4 \div 8 = 1.55$

12 $12.84 \div 4 = 3.21$

13 $14.42 \div 7 = 2.06$

14 $19 \div 5 = 3.8$

15 $22.5 \div 18 = 1.25$

16 $25 \div 4 = 6.25$

17 $30.5 \div 5 = 6.1$

18 $31.5 \div 15 = 2.1$

19 $32.24 \div 8 = 4.03$

20 $34.2 \div 6 = 5.7$

21 $46 \div 4 = 11.5$

22 $66 \div 8 = 8.25$

다른 그림 찾기

정답 22쪽

» 다른 그림 8곳을 찾아보세요.

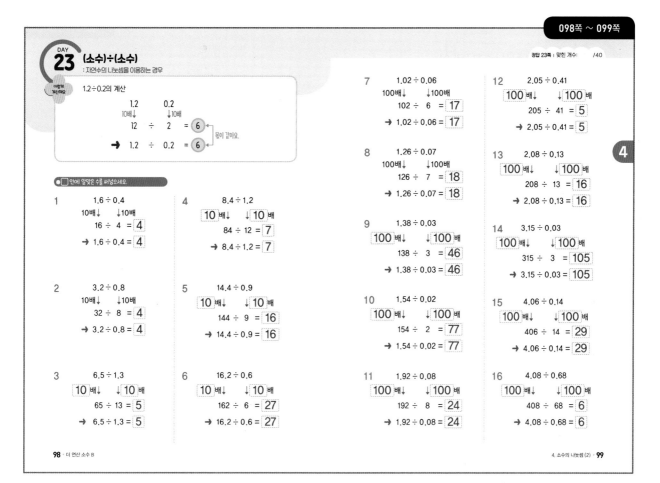

23 (소수)÷(소수)
: 자연수의 나눗셈을 이용하는 경우

정답 23쪽 | 맞힌 개수: /40

어떻게 계산해요?

1.2÷0.2의 계산

```
     1.2          0.2
  10배↓        ↓10배
     12   ÷    2   =  6   ┐
                          │ 몫이 같아요.
  ➔  1.2  ÷  0.2  =  6   ┘
```

● □안에 알맞은 수를 써넣으세요.

1
```
       1.6 ÷ 0.4
   10배↓      ↓10배
      16 ÷ 4 = 4
   ➔ 1.6 ÷ 0.4 = 4
```

4
```
          8.4 ÷ 1.2
   10 배↓      ↓10 배
      84 ÷ 12 = 7
   ➔ 8.4 ÷ 1.2 = 7
```

7
```
          1.02 ÷ 0.06
   100배↓      ↓100배
      102 ÷ 6 = 17
   ➔ 1.02 ÷ 0.06 = 17
```

12
```
          2.05 ÷ 0.41
   100 배↓      ↓100 배
      205 ÷ 41 = 5
   ➔ 2.05 ÷ 0.41 = 5
```

2
```
       3.2 ÷ 0.8
   10배↓      ↓10배
      32 ÷ 8 = 4
   ➔ 3.2 ÷ 0.8 = 4
```

5
```
          14.4 ÷ 0.9
   10 배↓      ↓10 배
      144 ÷ 9 = 16
   ➔ 14.4 ÷ 0.9 = 16
```

8
```
          1.26 ÷ 0.07
   100배↓      ↓100배
      126 ÷ 7 = 18
   ➔ 1.26 ÷ 0.07 = 18
```

13
```
          2.08 ÷ 0.13
   100 배↓      ↓100 배
      208 ÷ 13 = 16
   ➔ 2.08 ÷ 0.13 = 16
```

3
```
          6.5 ÷ 1.3
   10 배↓      ↓10 배
      65 ÷ 13 = 5
   ➔ 6.5 ÷ 1.3 = 5
```

6
```
          16.2 ÷ 0.6
   10 배↓      ↓10 배
      162 ÷ 6 = 27
   ➔ 16.2 ÷ 0.6 = 27
```

9
```
          1.38 ÷ 0.03
   100 배↓      ↓100 배
      138 ÷ 3 = 46
   ➔ 1.38 ÷ 0.03 = 46
```

14
```
          3.15 ÷ 0.03
   100 배↓      ↓100 배
      315 ÷ 3 = 105
   ➔ 3.15 ÷ 0.03 = 105
```

10
```
          1.54 ÷ 0.02
   100 배↓      ↓100 배
      154 ÷ 2 = 77
   ➔ 1.54 ÷ 0.02 = 77
```

15
```
          4.06 ÷ 0.14
   100 배↓      ↓100 배
      406 ÷ 14 = 29
   ➔ 4.06 ÷ 0.14 = 29
```

11
```
          1.92 ÷ 0.08
   100 배↓      ↓100 배
      192 ÷ 8 = 24
   ➔ 1.92 ÷ 0.08 = 24
```

16
```
          4.08 ÷ 0.68
   100 배↓      ↓100 배
      408 ÷ 68 = 6
   ➔ 4.08 ÷ 0.68 = 6
```

4

정답 23쪽

17
```
   54 ÷ 6 = 9
➔ 5.4 ÷ 0.6 = 9
```

23
```
   114 ÷ 6 = 19
➔ 11.4 ÷ 0.6 = 19
```

29
```
   117 ÷ 3 = 39
➔ 1.17 ÷ 0.03 = 39
```

35
```
   357 ÷ 7 = 51
➔ 3.57 ÷ 0.07 = 51
```

18
```
   66 ÷ 3 = 22
➔ 6.6 ÷ 0.3 = 22
```

24
```
   192 ÷ 12 = 16
➔ 19.2 ÷ 1.2 = 16
```

30
```
   135 ÷ 5 = 27
➔ 1.35 ÷ 0.05 = 27
```

36
```
   405 ÷ 5 = 81
➔ 4.05 ÷ 0.05 = 81
```

19
```
   84 ÷ 21 = 4
➔ 8.4 ÷ 2.1 = 4
```

25
```
   213 ÷ 3 = 71
➔ 21.3 ÷ 0.3 = 71
```

31
```
   164 ÷ 2 = 82
➔ 1.64 ÷ 0.02 = 82
```

37
```
   416 ÷ 52 = 8
➔ 4.16 ÷ 0.52 = 8
```

20
```
   92 ÷ 46 = 2
➔ 9.2 ÷ 4.6 = 2
```

26
```
   252 ÷ 28 = 9
➔ 25.2 ÷ 2.8 = 9
```

32
```
   175 ÷ 25 = 7
➔ 1.75 ÷ 0.25 = 7
```

38
```
   535 ÷ 5 = 107
➔ 5.35 ÷ 0.05 = 107
```

21
```
   98 ÷ 7 = 14
➔ 9.8 ÷ 0.7 = 14
```

27
```
   434 ÷ 14 = 31
➔ 43.4 ÷ 1.4 = 31
```

33
```
   216 ÷ 6 = 36
➔ 2.16 ÷ 0.06 = 36
```

39
```
   567 ÷ 7 = 81
➔ 5.67 ÷ 0.07 = 81
```

22
```
   105 ÷ 5 = 21
➔ 10.5 ÷ 0.5 = 21
```

28
```
   451 ÷ 11 = 41
➔ 45.1 ÷ 1.1 = 41
```

34
```
   221 ÷ 17 = 13
➔ 2.21 ÷ 0.17 = 13
```

40
```
   570 ÷ 6 = 95
➔ 5.7 ÷ 0.06 = 95
```

4

정답 · 23

정답

DAY 24 (소수 한 자리 수)÷(소수 한 자리 수)

정답 24쪽 | 맞힌 개수: /38

1.6÷0.2의 계산

소수점을 오른쪽으로 똑같이 옮겨요.

$$0.2\overline{)1.6} \rightarrow 0.2\overline{)1.6} \rightarrow 2\overline{)16} \begin{array}{r} 8 \\ 16 \\ \hline 0 \end{array} \rightarrow 0.2\overline{)1.6} \begin{array}{r} 8 \\ 16 \\ \hline 0 \end{array}$$

● 계산해 보세요.

1.
$$0.2\overline{)0.8} \begin{array}{r} 4 \\ 8 \\ \hline 0 \end{array}$$

4.
$$0.6\overline{)2.4} \begin{array}{r} 4 \\ 24 \\ \hline 0 \end{array}$$

2.
$$0.3\overline{)0.9} \begin{array}{r} 3 \\ 9 \\ \hline 0 \end{array}$$

5.
$$0.8\overline{)4.8} \begin{array}{r} 6 \\ 48 \\ \hline 0 \end{array}$$

3.
$$0.5\overline{)1.5} \begin{array}{r} 3 \\ 15 \\ \hline 0 \end{array}$$

6.
$$0.9\overline{)7.2} \begin{array}{r} 8 \\ 72 \\ \hline 0 \end{array}$$

7.
$$0.4\overline{)13.2} \begin{array}{r} 33 \\ 12 \\ 12 \\ 12 \\ \hline 0 \end{array}$$

10.
$$0.8\overline{)36.8} \begin{array}{r} 46 \\ 32 \\ 48 \\ 48 \\ \hline 0 \end{array}$$

8.
$$1.6\overline{)19.2} \begin{array}{r} 12 \\ 16 \\ 32 \\ 32 \\ \hline 0 \end{array}$$

11.
$$2.5\overline{)42.5} \begin{array}{r} 17 \\ 25 \\ 175 \\ 175 \\ \hline 0 \end{array}$$

9.
$$0.5\overline{)24.5} \begin{array}{r} 49 \\ 20 \\ 45 \\ 45 \\ \hline 0 \end{array}$$

12.
$$5.8\overline{)69.6} \begin{array}{r} 12 \\ 58 \\ 116 \\ 116 \\ \hline 0 \end{array}$$

정답 24쪽

13.
$$0.2\overline{)0.4} \quad 2$$

19.
$$0.9\overline{)5.4} \quad 6$$

14.
$$0.3\overline{)1.5} \quad 5$$

20.
$$0.7\overline{)6.3} \quad 9$$

15.
$$0.4\overline{)2.8} \quad 7$$

21.
$$0.8\overline{)7.2} \quad 9$$

16.
$$0.5\overline{)3.5} \quad 7$$

22.
$$0.6\overline{)13.8} \quad 23$$

17.
$$0.6\overline{)3.6} \quad 6$$

23.
$$0.3\overline{)14.1} \quad 47$$

18.
$$0.7\overline{)4.9} \quad 7$$

24.
$$1.4\overline{)15.4} \quad 11$$

25. $17.6÷1.6=11$

26. $20.4÷1.7=12$

27. $21.6÷0.9=24$

28. $23.6÷0.4=59$

29. $27.2÷0.8=34$

30. $30.1÷0.7=43$

31. $36.8÷9.2=4$

32. $44.8÷3.2=14$

33. $46.4÷5.8=8$

34. $51.3÷2.7=19$

35. $54.6÷1.3=42$

36. $61.2÷3.6=17$

37. $73.5÷2.1=35$

38. $78.4÷2.8=28$

24 · 더 연산 소수 B

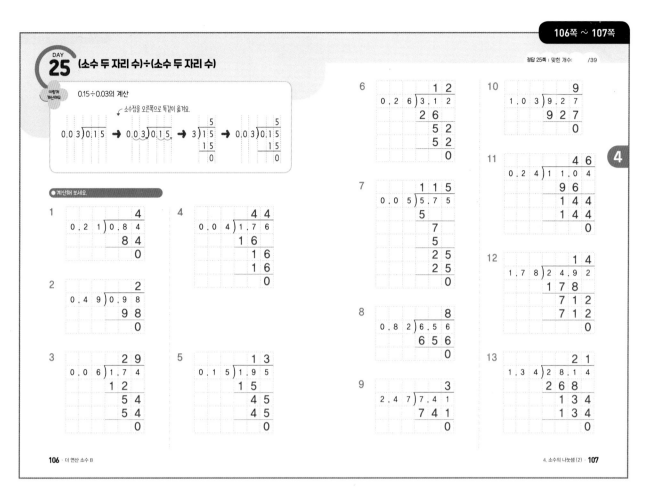

14
$0.19)\overline{0.57}$ = 3

20
$0.08)\overline{2.72}$ = 34

26 5.32÷1.33=4

33 12.52÷3.13=4

15
$0.23)\overline{0.92}$ = 4

21
$0.09)\overline{3.33}$ = 37

27 6.58÷0.07=94

34 13.44÷0.64=21

16
$0.29)\overline{1.16}$ = 4

22
$1.17)\overline{3.51}$ = 3

28 6.75÷0.45=15

35 15.75÷1.75=9

17
$0.21)\overline{1.68}$ = 8

23
$0.36)\overline{4.32}$ = 12

29 7.82÷0.17=46

36 27.17÷2.47=11

18
$0.16)\overline{2.08}$ = 13

24
$0.04)\overline{4.68}$ = 117

30 8.28÷4.14=2

37 33.84÷4.23=8

19
$0.06)\overline{2.46}$ = 41

25
$0.43)\overline{4.73}$ = 11

31 9.06÷1.51=6

38 48.06÷1.78=27

32 9.44÷1.18=8

39 59.67÷3.51=17

DAY 26 (소수 두 자리 수)÷(소수 한 자리 수)

정답 26쪽 | 맞힌 개수: /39

0.24÷0.6의 계산

소수점을 오른쪽으로 한 자리씩 옮겨요. 옮긴 소수점의 위치에 맞추어 소수점을 찍어요.

$$0.6\overline{)0.2\,4} \rightarrow 0.6\overline{)0.2\,4} \rightarrow 6\overline{)2\,4} \rightarrow 0.6\overline{)0.2\,4}$$

●계산해 보세요.

1.
$$0.3\overline{)0.2\,7}$$ = 0.9
2 7
0

2.
$$0.7\overline{)0.5\,6}$$ = 0.8
5 6
0

3.
$$1.4\overline{)1.8\,2}$$ = 1.3
1 4
4 2
4 2
0

4.
$$1.5\overline{)3.7\,5}$$ = 2.5
3 0
7 5
7 5
0

5.
$$0.6\overline{)4.2\,6}$$ = 7.1
4 2
6
6
0

6.
$$5.6\overline{)5.0\,4}$$ = 0.9
5 0 4
0

7.
$$3.9\overline{)5.4\,6}$$ = 1.4
3 9
1 5 6
1 5 6
0

8.
$$10.2\overline{)6.1\,2}$$ = 0.6
6 1 2
0

9.
$$4.8\overline{)6.7\,2}$$ = 1.4
4 8
1 9 2
1 9 2
0

10.
$$9.1\overline{)7.2\,8}$$ = 0.8
7 2 8
0

11.
$$3.3\overline{)8.2\,5}$$ = 2.5
6 6
1 6 5
1 6 5
0

12.
$$2.7\overline{)8.6\,4}$$ = 3.2
8 1
5 4
5 4
0

13.
$$2.1\overline{)9.0\,3}$$ = 4.3
8 4
6 3
6 3
0

4. 소수의 나눗셈 (2) · 111

정답 26쪽

14.
$$1.4\overline{)0.4\,2}$$ = 0.3

15.
$$0.5\overline{)0.9\,5}$$ = 1.9

16.
$$2.1\overline{)1.6\,8}$$ = 0.8

17.
$$0.5\overline{)1.7\,5}$$ = 3.5

18.
$$0.3\overline{)2.4\,6}$$ = 8.2

19.
$$1.7\overline{)2.5\,5}$$ = 1.5

20.
$$0.4\overline{)2.6\,8}$$ = 6.7

21.
$$1.2\overline{)3.1\,2}$$ = 2.6

22.
$$0.9\overline{)3.5\,1}$$ = 3.9

23.
$$1.3\overline{)3.6\,4}$$ = 2.8

24.
$$6.2\overline{)4.3\,4}$$ = 0.7

25.
$$3.1\overline{)4.6\,5}$$ = 1.5

26. 5.52÷2.3=2.4
27. 6.48÷2.4=2.7
28. 6.65÷1.9=3.5
29. 6.67÷2.9=2.3
30. 7.35÷3.5=2.1
31. 8.12÷1.4=5.8
32. 9.43÷2.3=4.1

33. 10.62÷5.9=1.8
34. 11.22÷3.3=3.4
35. 20.72÷3.7=5.6
36. 26.32÷5.6=4.7
37. 35.69÷8.3=4.3
38. 40.42÷4.3=9.4
39. 57.85÷6.5=8.9

DAY 27 (소수 한 자리 수)÷(소수 두 자리 수)

정답 27쪽 | 맞힌 개수: /40

어떻게 계산할까요

0.3÷0.15의 계산

소수점을 오른쪽으로 두 자리씩 옮겨요

$$0.15\overline{)0.3} \rightarrow 0.15\overline{)0.30} \rightarrow 15\overline{)30} \rightarrow 0.15\overline{)0.3}$$

소수점을 옮길 수 없으면
소수의 오른쪽 끝에 0을 써요.

● 계산해 보세요.

1.
$$0.25\overline{)1.5}$$ 몫 6, 150, 0

2.
$$0.32\overline{)1.6}$$ 몫 5, 160, 0

3.
$$0.15\overline{)2.4}$$ 몫 16, 15, 90, 90, 0

4.
$$0.17\overline{)3.4}$$ 몫 20, 34, 0

5.
$$0.15\overline{)4.2}$$ 몫 28, 30, 120, 120, 0

6.
$$1.15\overline{)4.6}$$ 몫 4, 460, 0

7.
$$0.95\overline{)5.7}$$ 몫 6, 570, 0

8.
$$1.44\overline{)7.2}$$ 몫 5, 720, 0

9.
$$0.09\overline{)8.1}$$ 몫 90, 81, 0

10.
$$0.85\overline{)8.5}$$ 몫 10, 85, 0

11.
$$0.35\overline{)9.1}$$ 몫 26, 70, 210, 210, 0

12.
$$0.75\overline{)10.5}$$ 몫 14, 75, 300, 300, 0

13.
$$1.35\overline{)16.2}$$ 몫 12, 135, 270, 270, 0

14.
$$0.15\overline{)22.2}$$ 몫 148, 15, 72, 60, 120, 120, 0

114 · 더 연산 소수 B

4. 소수의 나눗셈 (2) · 115

정답 27쪽

15.
$$0.75\overline{)1.5}$$ 몫 2

16.
$$0.14\overline{)2.1}$$ 몫 15

17.
$$0.04\overline{)2.6}$$ 몫 65

18.
$$0.13\overline{)2.6}$$ 몫 20

19.
$$0.06\overline{)3.6}$$ 몫 60

20.
$$0.35\overline{)4.2}$$ 몫 12

21.
$$1.05\overline{)4.2}$$ 몫 4

22.
$$2.15\overline{)4.3}$$ 몫 2

23.
$$0.08\overline{)5.2}$$ 몫 65

24.
$$0.21\overline{)6.3}$$ 몫 30

25.
$$0.08\overline{)7.2}$$ 몫 90

26.
$$0.52\overline{)7.8}$$ 몫 15

27. $8.5÷4.25=2$

28. $9.2÷1.84=5$

29. $10.8÷0.54=20$

30. $11.6÷0.58=20$

31. $11.7÷0.18=65$

32. $13.2÷1.65=8$

33. $15.5÷0.31=50$

34. $16.5÷2.75=6$

35. $17.5÷1.25=14$

36. $21.5÷0.86=25$

37. $25.2÷0.84=30$

38. $28.8÷0.72=40$

39. $31.5÷5.25=6$

40. $38.4÷1.28=30$

116 · 더 연산 소수 B

4. 소수의 나눗셈 (2) · 117

정답 · **27**

DAY 28 (자연수)÷(소수 한 자리 수)

정답 28쪽 | 맞힌 개수: /40

어떻게 계산해요

12÷0.6의 계산

소수점을 오른쪽으로 한 자리씩 옮겨요

$0.6) \overline{12}$ → $0.6) \overline{12.0}$ → $6) \overline{120}$ → $0.6) \overline{12}$

| | 2 0 |
| 6) 1 2 0 |
| | 1 2 0 |
| | 0 |

| | 2 0 |
| 0.6) 1 2 |
| | 1 2 |
| | 0 |

● 계산해 보세요.

1
		8
0.5) 4	
4 0	
0	

2
		5
1.2) 6	
6 0	
0	

3
| | 4 0 |
| 0.3) 1 2 |
| 1 2 |
| 0 |

4
| | 6 |
| 4.5) 2 7 |
| 2 7 0 |
| 0 |

5
| | 5 0 |
| 0.6) 3 0 |
| 3 0 |
| 0 |

6
| | 4 5 |
| 0.8) 3 6 |
| 3 2 |
| 4 0 |
| 4 0 |
| 0 |

7
| | 5 0 |
| 0.9) 4 5 |
| 4 5 |
| 0 |

8
| | 3 8 |
| 1.5) 5 7 |
| 4 5 |
| 1 2 0 |
| 1 2 0 |
| 0 |

9
| | 1 6 |
| 5.5) 8 8 |
| 5 5 |
| 3 3 0 |
| 3 3 0 |
| 0 |

10
| | 3 0 |
| 3.1) 9 3 |
| 9 3 |
| 0 |

11
| | 6 0 |
| 1.8) 1 0 8 |
| 1 0 8 |
| 0 |

12
| | 3 2 |
| 4.5) 1 4 4 |
| 1 3 5 |
| 9 0 |
| 9 0 |
| 0 |

13
| | 6 4 |
| 3.5) 2 2 4 |
| 2 1 0 |
| 1 4 0 |
| 1 4 0 |
| 0 |

14
| | 6 5 |
| 5.2) 3 3 8 |
| 3 1 2 |
| 2 6 0 |
| 2 6 0 |
| 0 |

정답 28쪽

15
| | 5 |
| 0.2) 1 |

16
| | 1 0 |
| 0.3) 3 |

17
| | 2 |
| 2.5) 5 |

18
| | 5 |
| 1.4) 7 |

19
| | 5 |
| 1.8) 9 |

20
| | 2 0 |
| 0.7) 1 4 |

21
| | 1 4 |
| 1.5) 2 1 |

22
| | 1 2 |
| 2.5) 3 0 |

23
| | 2 0 |
| 1.9) 3 8 |

24
| | 7 0 |
| 0.6) 4 2 |

25
| | 1 5 |
| 3.4) 5 1 |

26
| | 1 6 |
| 3.5) 5 6 |

27 $65 \div 2.6 = 25$

28 $68 \div 3.4 = 20$

29 $69 \div 2.3 = 30$

30 $72 \div 4.5 = 16$

31 $81 \div 0.9 = 90$

32 $86 \div 4.3 = 20$

33 $96 \div 2.4 = 40$

34 $104 \div 2.6 = 40$

35 $114 \div 7.6 = 15$

36 $143 \div 6.5 = 22$

37 $208 \div 2.6 = 80$

38 $210 \div 3.5 = 60$

39 $253 \div 5.5 = 46$

40 $294 \div 8.4 = 35$

DAY 29 (자연수)÷(소수 두 자리 수)

정답 29쪽 | 맞힌 개수: /40

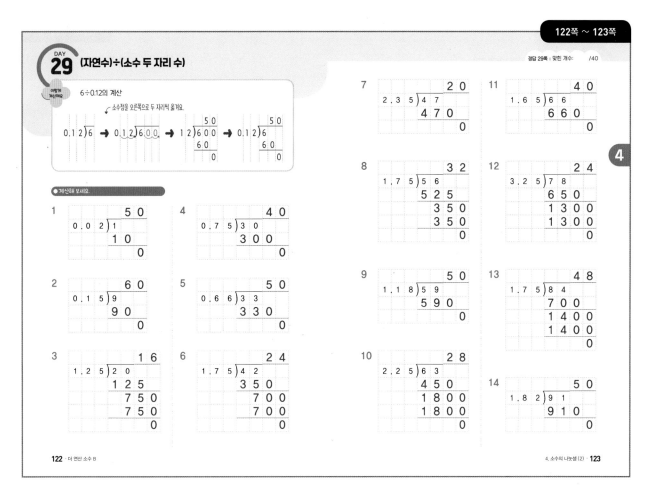

4. 소수의 나눗셈 (2) · 123

정답 29쪽

15 $0.15)\overline{3}$ 20

16 $1.25)\overline{5}$ 4

17 $0.14)\overline{7}$ 50

18 $2.25)\overline{9}$ 4

19 $0.16)\overline{12}$ 75

20 $0.75)\overline{18}$ 24

21 $1.05)\overline{21}$ 20

22 $0.75)\overline{24}$ 32

23 $1.24)\overline{31}$ 25

24 $1.32)\overline{33}$ 25

25 $1.76)\overline{44}$ 25

26 $1.15)\overline{46}$ 40

27 $51÷2.04=25$

28 $53÷1.06=50$

29 $57÷1.14=50$

30 $60÷1.25=48$

31 $70÷1.75=40$

32 $77÷1.75=44$

33 $93÷1.24=75$

34 $123÷2.05=60$

35 $132÷2.64=50$

36 $161÷6.44=25$

37 $189÷2.25=84$

38 $276÷3.68=75$

39 $292÷3.65=80$

40 $333÷9.25=36$

4. 소수의 나눗셈 (2) · 125

정답 · 29

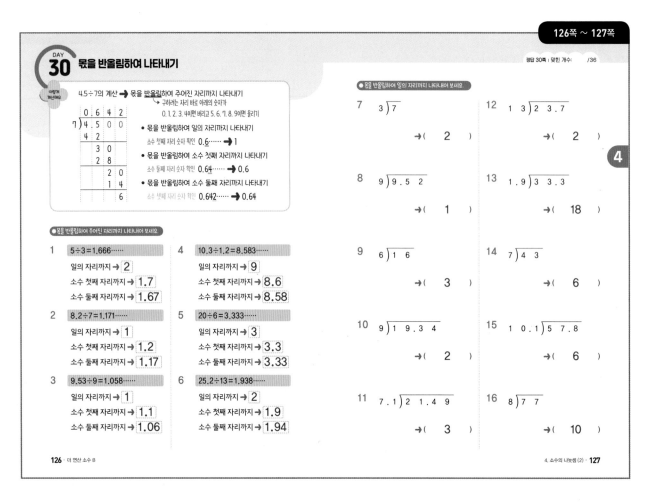

DAY 30 몫을 반올림하여 나타내기

정답 30쪽 | 맞힌 개수: /36

● 몫을 반올림하여 주어진 자리까지 나타내어 보세요.

1 $5 \div 3 = 1.666 \cdots$
일의 자리까지 → 2
소수 첫째 자리까지 → 1.7
소수 둘째 자리까지 → 1.67

2 $8.2 \div 7 = 1.171 \cdots$
일의 자리까지 → 1
소수 첫째 자리까지 → 1.2
소수 둘째 자리까지 → 1.17

3 $9.53 \div 9 = 1.058 \cdots$
일의 자리까지 → 1
소수 첫째 자리까지 → 1.1
소수 둘째 자리까지 → 1.06

4 $10.3 \div 1.2 = 8.583 \cdots$
일의 자리까지 → 9
소수 첫째 자리까지 → 8.6
소수 둘째 자리까지 → 8.58

5 $20 \div 6 = 3.333 \cdots$
일의 자리까지 → 3
소수 첫째 자리까지 → 3.3
소수 둘째 자리까지 → 3.33

6 $25.2 \div 13 = 1.938 \cdots$
일의 자리까지 → 2
소수 첫째 자리까지 → 1.9
소수 둘째 자리까지 → 1.94

● 몫을 반올림하여 일의 자리까지 나타내어 보세요.

7 $3 \overline{)7}$ →(2)

8 $9 \overline{)9.52}$ →(1)

9 $6 \overline{)16}$ →(3)

10 $9 \overline{)19.34}$ →(2)

11 $7.1 \overline{)21.49}$ →(3)

12 $13 \overline{)23.7}$ →(2)

13 $1.9 \overline{)33.3}$ →(18)

14 $7 \overline{)43}$ →(6)

15 $10.1 \overline{)57.8}$ →(6)

16 $8 \overline{)77}$ →(10)

126 · 더 연산 소수 B

4. 소수의 나눗셈 (2) · 127

정답 30쪽

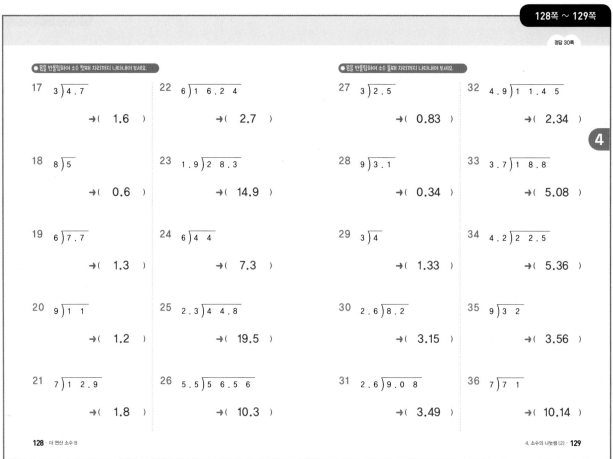

● 몫을 반올림하여 소수 첫째 자리까지 나타내어 보세요.

17 $3 \overline{)4.7}$ →(1.6)

18 $8 \overline{)5}$ →(0.6)

19 $6 \overline{)7.7}$ →(1.3)

20 $9 \overline{)11}$ →(1.2)

21 $7 \overline{)12.9}$ →(1.8)

22 $6 \overline{)16.24}$ →(2.7)

23 $1.9 \overline{)28.3}$ →(14.9)

24 $6 \overline{)44}$ →(7.3)

25 $2.3 \overline{)44.8}$ →(19.5)

26 $5.5 \overline{)56.56}$ →(10.3)

● 몫을 반올림하여 소수 둘째 자리까지 나타내어 보세요.

27 $3 \overline{)2.5}$ →(0.83)

28 $9 \overline{)3.1}$ →(0.34)

29 $3 \overline{)4}$ →(1.33)

30 $2.6 \overline{)8.2}$ →(3.15)

31 $2.6 \overline{)9.08}$ →(3.49)

32 $4.9 \overline{)11.45}$ →(2.34)

33 $3.7 \overline{)18.8}$ →(5.08)

34 $4.2 \overline{)22.5}$ →(5.36)

35 $9 \overline{)32}$ →(3.56)

36 $7 \overline{)71}$ →(10.14)

128 · 더 연산 소수 B

4. 소수의 나눗셈 (2) · 129

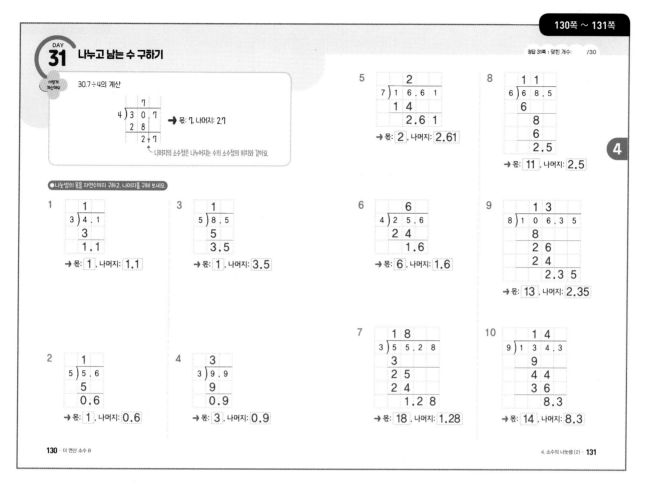

DAY 31 나누고 남는 수 구하기

정답 31쪽 | 맞힌 개수: /30

알맞게 계산하고

30.7÷4의 계산

→ 몫: 7, 나머지: 2.7

나머지의 소수점은 나누어지는 수의 소수점의 위치와 같아요.

● 나눗셈의 몫을 자연수까지 구하고, 나머지를 구해 보세요.

1 → 몫: 1 , 나머지: 1.1

2 → 몫: 1 , 나머지: 0.6

3 → 몫: 1 , 나머지: 3.5

4 → 몫: 3 , 나머지: 0.9

5 → 몫: 2 , 나머지: 2.61

6 → 몫: 6 , 나머지: 1.6

7 → 몫: 18 , 나머지: 1.28

8 → 몫: 11 , 나머지: 2.5

9 → 몫: 13 , 나머지: 2.35

10 → 몫: 14 , 나머지: 8.3

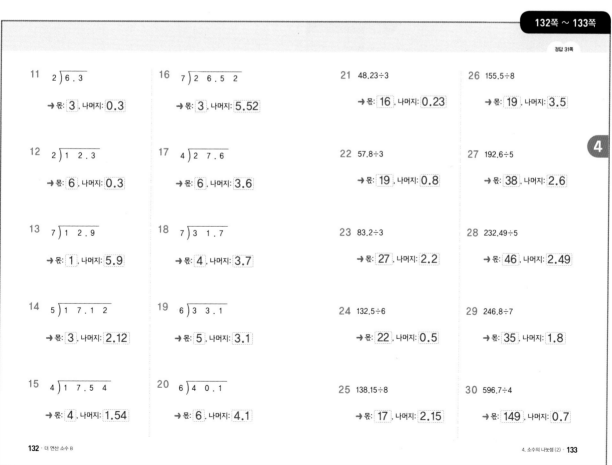

정답 31쪽

11 → 몫: 3 , 나머지: 0.3

12 → 몫: 6 , 나머지: 0.3

13 → 몫: 1 , 나머지: 5.9

14 → 몫: 3 , 나머지: 2.12

15 → 몫: 4 , 나머지: 1.54

16 → 몫: 3 , 나머지: 5.52

17 → 몫: 6 , 나머지: 3.6

18 → 몫: 4 , 나머지: 3.7

19 → 몫: 5 , 나머지: 3.1

20 → 몫: 6 , 나머지: 4.1

21 48.23÷3 → 몫: 16 , 나머지: 0.23

22 57.8÷3 → 몫: 19 , 나머지: 0.8

23 83.2÷3 → 몫: 27 , 나머지: 2.2

24 132.5÷6 → 몫: 22 , 나머지: 0.5

25 138.15÷8 → 몫: 17 , 나머지: 2.15

26 155.5÷8 → 몫: 19 , 나머지: 3.5

27 192.6÷5 → 몫: 38 , 나머지: 2.6

28 232.49÷5 → 몫: 46 , 나머지: 2.49

29 246.8÷7 → 몫: 35 , 나머지: 1.8

30 596.7÷4 → 몫: 149 , 나머지: 0.7

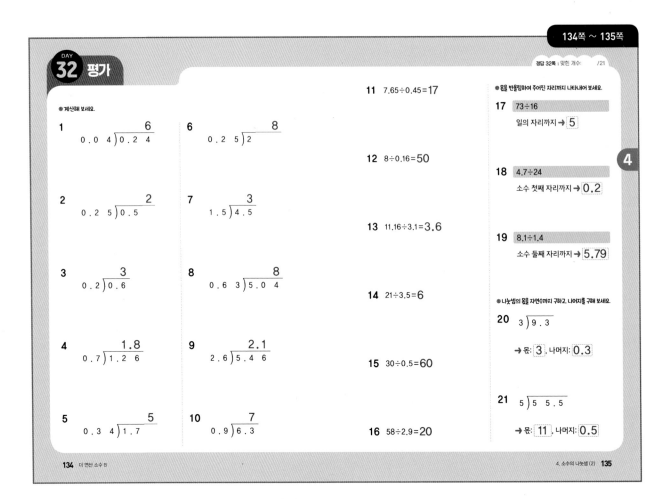

DAY 32 평가

정답 32쪽 | 맞힌 개수: /21

● 계산해 보세요.

1
$0.04\overline{)0.24}$ = 6

6
$0.25\overline{)2}$ = 8

2
$0.25\overline{)0.5}$ = 2

7
$1.5\overline{)4.5}$ = 3

3
$0.2\overline{)0.6}$ = 3

8
$0.63\overline{)5.04}$ = 8

4
$0.7\overline{)1.26}$ = 1.8

9
$2.6\overline{)5.46}$ = 2.1

5
$0.34\overline{)1.7}$ = 5

10
$0.9\overline{)6.3}$ = 7

11 $7.65 \div 0.45 = 17$

12 $8 \div 0.16 = 50$

13 $11.16 \div 3.1 = 3.6$

14 $21 \div 3.5 = 6$

15 $30 \div 0.5 = 60$

16 $58 \div 2.9 = 20$

● 몫을 반올림하여 주어진 자리까지 나타내어 보세요.

17 $73 \div 16$
일의 자리까지 → 5

18 $4.7 \div 24$
소수 첫째 자리까지 → 0.2

19 $8.1 \div 1.4$
소수 둘째 자리까지 → 5.79

● 나눗셈의 몫을 자연수까지 구하고, 나머지를 구해 보세요.

20 $3\overline{)9.3}$
→ 몫: 3 , 나머지: 0.3

21 $5\overline{)55.5}$
→ 몫: 11 , 나머지: 0.5

134 · 더 연산 소수 B

4. 소수의 나눗셈 (2) **135**

다른 그림 찾기

정답 32쪽

>> 다른 그림 8곳을 찾아보세요.

136 · 더 연산 소수 B